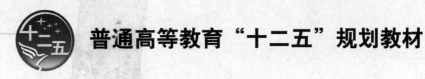 普通高等教育"十二五"规划教材

计算机硬件技术实践指导

程启明　黄云峰　杨艳华　编
王保义　主审

中国电力出版社
CHINA ELECTRIC POWER PRESS

内 容 简 介

本书是普通高等教育"十二五"规划教材。

计算机硬件技术是一门实践性很强的课程，学习时必须理论联系实际，亲自动手做实验才能达到预期的目的。本书是配合《计算机硬件技术》而编写的实践指导教材。以 8086/8088 CPU 为背景，整合了微机原理、接口技术和微机系统的软/硬件实验及课程设计。全书有汇编语言程序设计的软件实验、基于硬件平台的微机及接口电路的硬件实验、基于 Proteus 仿真软件的微机及接口电路的硬件实验、微机原理的课程设计共四部分 8 章内容。为了方便学生实验与学习，本书还有 8 个附录，且所有实验的源程序代码都有电子课件。

本书内容新颖，可作为各类高等学校（包括本科、高职高专）非计算机专业的计算机硬件技术基础、微机原理及应用、微机接口技术等课程的实践教材，从事计算机应用开发的科技人员也可以参考。

图书在版编目（CIP）数据

计算机硬件技术实践指导 / 程启明，黄云峰，杨艳华编．—北京：中国电力出版社，2012.12
普通高等教育"十二五"规划教材
ISBN 978-7-5123-3863-0

Ⅰ．①计…　Ⅱ．①程…　②黄…　③杨…　Ⅲ．①硬件－高等学校－教学参考资料　Ⅳ．①TP303

中国版本图书馆 CIP 数据核字（2012）第 304076 号

中国电力出版社出版、发行

（北京市东城区北京站西街 19 号　100005　http://www.cepp.sgcc.com.cn）
北京市同江印刷厂印刷
各地新华书店经售

*

2013 年 1 月第一版　　2013 年 1 月北京第一次印刷
787 毫米×1092 毫米　16 开本　13.75 印张　332 千字
定价 24.50 元

前　言

　　本书是《计算机硬件技术》一书的配套实践教材。"计算机硬件技术"或"微机原理及应用"是很多高校非计算机专业重要的基础课程之一。该课程是一门实践性强的课程，其中很多的原理、规则、现象等仅仅靠学习教科书是无法完全掌握的，必须通过大量的实践才能比较直观和深刻地理解。在进行课程实践过程中，可以让学生体验分析问题、提出解决方案、通过编程等手段实现解决方案、不断调试，最终达到设计要求的全过程，从而帮助学生系统地掌握微机原理接口技术的相关知识，达到将知识融会贯通的目的。

　　本实践指导书编写的目的就是为了提高学生的实践能力，提高汇编等语言的编程能力及对接口等硬件的理解、分析能力和设计接口电路的能力，从而能学以致用。学生只有通过实际编程和微机及接口的硬件实践，才能真正掌握软/硬件设计的方法，从中获益和提高。

　　本书以 8086/8088 CPU 为背景，整合了微机原理、接口技术和微机系统的软/硬件实验或课程设计项目。全书共四个部分 8 章，主要内容包括：第 1、2 章为汇编语言程序设计的软件实验部分；第 3、4 章为基于硬件平台的微机及接口电路的硬件实验部分；第 5、6 章为基于 Proteus 仿真软件的微机及接口电路的硬件实验部分；第 7、8 章为微机原理的课程设计部分。其中，每个实验一般都包含实验目的、实验类型、实验内容及步骤、硬件连线、软件参考流程、实验结果分析及思考题等。另外，本书还有附录部分，附录中包括实验要求、8086/8088汇编指令、汇编程序出错信息、DEBUG 命令、ASCII 码表、DOS 系统功能调用、BIOS 中断调用、Proteus VSM 下 8086 的元件库等内容。此外，为了方便学生学习，本书的所有实验源程序代码都有电子课件（在中国电力出版社网站上下载）。

　　本书在内容安排上注重系统性、循序性、逻辑性、科学性、实用性和先进性。本书最大的特点是新颖性和完整性，也就是把当今最先进的微机两个仿真软件 Proteus 和 Emu8086 引入教学实践中，突出最新的硬件模拟技术和实用性；书中既有传统的软件实验和硬件平台实验内容，又有 Proteus 仿真实验和课程设计内容。

　　本书与其他《计算机硬件技术》（或《微机原理及应用》）实践教材有以下 3 点主要区别：①采用传统硬件实验平台与 Proteus 仿真软件平台两套并行的方式来做微机硬件及接口实验，将 Labcenter 公司开发的 Proteus（7.5 以上版本）仿真软件引入到微机的硬件教学中，从而使学生通过 Proteus 软件可灵活搭建、自由组合各种复杂的微机系统，仿真过程"所见即所得"，实验操作环境直观；②汇编语言实验部分将 Emu8086 模拟器引入到 8086 的软件实验中，从而使学生的汇编软件实验更容易编程与调试；③把本课程的实验内容与课程设计内容分为前后两个部分，承上启下地连在一起学习，从而加深学生对微机硬件的实践能力。

　　本书内容丰富、概念清晰、实用性和可操作性强，是学习微机原理、汇编与接口技术课程的一本较好的实践教材。本书建议的学时数为 10～30。

　　本书可作为各类高等学校（包括本科、大中专、高职班）非计算机专业的计算机硬件技术基础、微机原理及应用、微机接口技术等课程的实践教材，也可以作为从事计算机应用开发的科技人员的参考用书。

　　本书由程启明、黄云峰、杨艳华 3 位老师负责编写，其中程启明老师负责编写第四部分的课程设计及附录，并全面负责本书的统稿工作；黄云峰老师负责编写第三部分基于 Proteus 仿真软件的微机硬件实验部分内容；杨艳华老师负责编写第一部分汇编语言的软件实验部分和第二部分基于硬件平台的微机硬件实验部分。华北电力大学计算机系王保义教授审阅了本书，并提出了许多宝贵的意见和建议，在此对他表示深深地谢意。在本书的编写过程中，借鉴了一些教材的编写经验和网上公开资料，在此谨向这些作者表示诚挚地感谢！

　　限于编者水平，书中难免有不妥之处，敬请广大读者批评指正，以便再版时及时修正。如果本教材或网站上实验源程序在使用过程中出现问题，请发邮件至：chengqiming@shiep.edu.cn。

编　者
2013 年 2 月

目　录

第三部分　微机及接口电路的硬件仿真实验部分

第四部分　课 程 设 计 部 分

第一部分　汇编语言程序设计软件实验部分

第 1 章　汇编语言程序设计软件系统平台

汇编语言的开发软件有 4 种类型，它们分别是：①采用 EDIT/MASM/LINK/DEBUG 4 个小软件；②采用 Masm for Windows 集成实验环境；③采用 Emu8086 汇编软件；④采用 Visual Studio 的 IDE 软件。下面就来介绍这 4 种汇编语言软件的上机过程。

1.1　EDIT/MASM/LINK/DEBUG 4 个小软件的作用

该方法需要安装 4 个小软件程序，它们分别是文本编辑程序（如 DOS 的 EDIT.COM、Windows 的记事本软件等的纯文本格式的编辑器）、汇编程序（如宏汇编 MASM.EXE、小汇编 ASM.EXE、TASM.EXE 等）、连接程序（如 LINK.EXE、TLINK.EXE 等）和调试程序（如 DEBUG.EXE、CV.EXE 等）。这些小程序需要在 DOS 状态下运行。先将上述 4 个小程序放在 C:\ASM 文件夹下面，打开"开始"→"程序"→"附件"→"命令提示符"进入 DOS 状态。图 1-1 为采用命令提示符操作方法的过程示意图。

当汇编语言源程序编好后，要实现其功能，需经过建立、汇编、链接与运行、调试 4 个阶段过程。

1. 采用编辑程序，建立汇编源程序.asm 文件

源程序就是用汇编语言编写的程序，它不能被机器识别。源程序必须以.asm 为文件扩展名。通过 EDIT.EXE 文本编辑器进行输入，运行 EDIT，其操作界面便会出现在屏幕上（见图 1-2），可在提示符下输入源程序，当输入完毕后，选择存盘并给输入的文件起一个文件名，格式为 filename.asm，其中 filename 为起的文件名，由 1～8 个字符组成；.asm 是为汇编程序识别而必须加上去的，不可更改。当然，也可用其他文本编辑器进行录入、编辑，最后将文件存为 filename.asm 的形式即可。

2. 采用汇编程序，汇编成目标文件.obj 文件

汇编语言源程序经过汇编，才可以生成目标程序，这个过程由汇编程序实现。其基本功能是把用汇编语言书写的源程序翻译成机器语言的目标代码、检查用户源程序中的错误且显示出错信息、生成列表文件等。汇编程序 MASM 的格式为

```
MASM filename
```

其中 filename 为第 1 步中建立的文件名。这时汇编程序的输出文件有目标文件名（.obj），列表文件名（.lst），交叉引用文件名（.crf）3 个，便会出现 3 次提问，在这一路按 Enter 键即可。汇编过程结束时，会给出程序中的警告性错误 Warning Errors 和严重错误 Servers Errors，前者指一般性错误，后者指语法性错误，当存在这两类错误时，屏幕上除指出错误个数外，

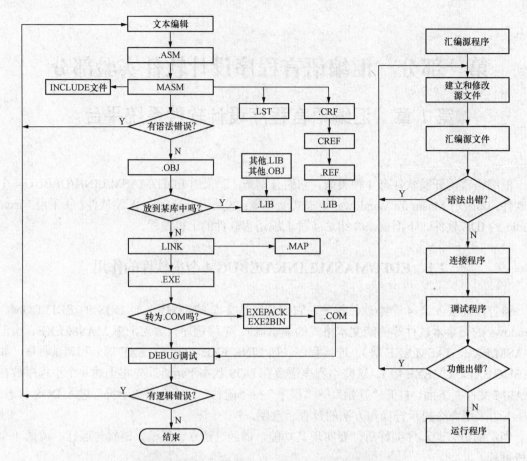

图 1-1　采用命令提示符操作方法的过程示意图

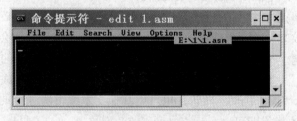

图 1-2　EDIT 编辑界面

还给出错误信息代号（附录 B 为汇编程序出错信息表），程序员可以通过查找手册弄清错误的性质。如果汇编过程中，发现有错误，则程序员应该重新用编辑命令修改错误，再进行汇编，直到汇编正确通过。图 1-3 为 MASM 编译无错误时的界面。注意，汇编过程只能指出程序中的语法错误，并不能指出算法错误和其他错误。

3. 采用连接程序，得到可执行文件（.exe 文件）

汇编过程根据源程序产生出二进制的目标文件（.OBJ 文件），但.OBJ 文件用的是浮动地址，不能直接上机执行，还必须使用连接程序（LINK.EXE）将 OBJ 文件转换成可执行的 EXE 文件。LINK 命令还可以将某一个目标文件和其他多个模块（这些模块可以是由用户编写的，也可以是某个程序中存在的）链接起来。连接程序 LINK 命令的格式为

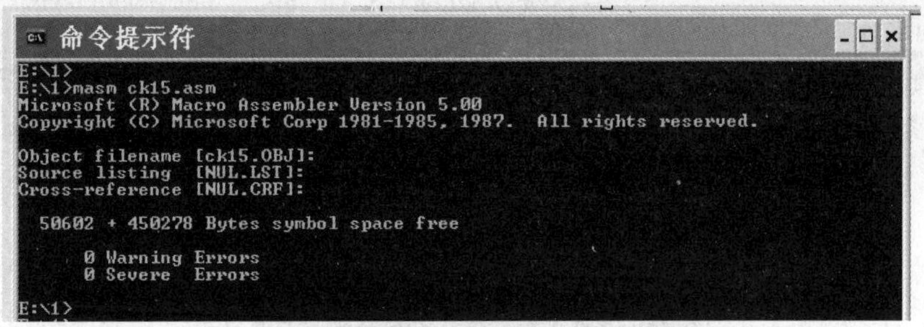

图 1-3　MASM 编译文件无错误时的界面

```
LINK filename
```

Filename 为.OBJ 输入文件，用户程序有时会用到库函数，此时，对于提示信息 Libraries [.LIB]，要输入库名。如果连接没有错误，则 LINK 过程产生.exe 可执行文件、.map 的列表分配文件（也称映像文件）两个输出文件，映像文件给出每个段在内存中的分配情况。图 1-4 为 LINK 连接 1.OBJ 文件界面。

图 1-4　LINK 连接 1.OBJ 文件界面

从 LINK 过程的提示信息中，可看到最后给出了一个"无堆栈段"的警告性错误，这并不影响程序的执行。当然，如果源程序中设计了堆栈段，则无此程序。

如果.OBJ 文件有错误，连接时会指出错误的原因。对于无堆栈警告（warning: no stack segment）的提示，可以不予理睬，它是由于在源程序中没有定义堆栈段的原因，对于比较小的源程序和不需要再特别定义堆栈段的源程序，可以不定义堆栈段，它并不影响程序的正确执行。但如果连接时有其他的错误，则要检查并修改源程序.asm，然后再重新汇编 MASM.exe，连接 LINK.exe 的步骤，直到得到正确的.exe 文件为止。

当生成.exe 文件后，就可以输入该文件名运行了，注意不必输入扩展名。看它是否按所设想的那样得出结果。在试运行期间，要尽量试一些临界状态，看程序是否运行稳定、结果是否正确。试运行程序时，有可能产生一些莫名其妙的结果，说明程序有逻辑错误，还需进入下一步继续调试。实际上，大部分程序必须经过调试才能纠正程序设计中的逻辑错误，从而得到正确的结果。

从 6.0 版以后，Microsoft 公司把 MASM 和 LINK 的功能由一个 ML.EXE 程序完成，只需一个命令就可把源程序汇编连接生成.EXE 文件。

4. 采用调试程序，重新修改程序

静态查错即检查源程序，并在源程序级用文本编辑器进行修改，然后再汇编、连接、运行。但有时静态检查不容易发现问题，这时就需要使用调试工具动态查错。当程序结果不能在屏幕上显示时也需要用调试工具查看结果。

调试程序 DEBUG.EXE 来进行程序调试、检查错误。图 1-5 为运行和调试 DEBUG 界面。发现错误并修改程序后，还需经过编辑、汇编、链接来纠正错误。关于 DEBUG 程序中的各种命令，可参见附录 C。

图 1-5　运行和调试 DEBUG 界面

1.2　Masm for Windows 集成实验环境的使用

Masm for Windows 集成开发环境（Integrated Development Environment，IDE）相当于把 EDIT/MASM/LINK/DEBUG 4 个小软件集成为一个软件，它使用简单、方便，很适合汇编语言的初学者使用。

1. 打开 Masm for Windows 的 IDE

依次单击"开始/程序/汇编语言集成实验环境 Masm for Windows IDE"菜单进入"Masm for Windows 集成实验环境"。

2. 输入汇编程序

在图 1-6 的"程序输入区"中输入一个"1+2"结果等于 3 的汇编程序，软件本身有一个汇编程序框架。

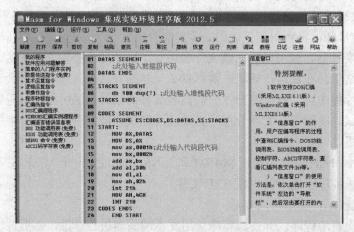

图 1-6　Masm for Windows 的集成实验环境

3. 保存汇编程序

单击"工具栏"中的"保存"按钮（或"文件/另存为"或"文件/保存"），弹出"另存为"对话框，输入文件名，如"第一个汇编程序"，然后单击"保存"按钮即可。

4. 运行程序

单击"工具栏"中的"编译生成目标文件"按钮，可以编译并生成链接文件。单击"生成可执行文件"完成链接。最后单击"运行"按钮，即可出现程序的运行结果，如图 1-7 所示。

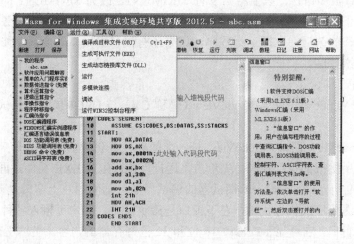

图 1-7 程序编译、链接、运行

程序运行结果的下面 Press any key to continue 表示按任意键退出 DOS 窗口，如图 1-8 所示。

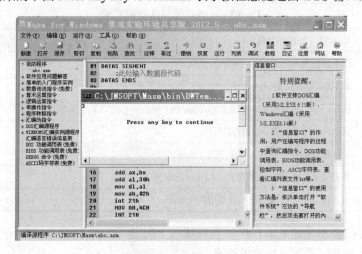

图 1-8 程序运行结果

5. 修改程序语法错误

当运行程序发生语法错误时，Masm for Windows 集成实验环境会自动定位源程序中错误所在行的位置并高亮显示该行，修改好第一条发生错误行后，双击任一条错误信息，该软件定位源程序中与之相对应错误所在行的位置并高亮显示该行，以便改正错误。表 1-1 为汇编程序的语法错误信息形式。

表 1-1   汇编程序的语法错误信息形式

文件名	行号	冒号	错误编号	冒号	错误内容
↓	↓	↓	↓	↓	↓
C:\汇编程序文件夹\第一个程序.asm	（9）	:	Error A2008	:	Syntax error:CODES

　　一条语句错误可能会产生若干条错误信息，例如图 1-7 中就是因为第 9 行 SEGMENT 多输入一个 S，导致很多错误，只要将第 9 行 SEGMENTS 改为 SEGMENT 即可调试通过。一般情况下，第一条错误信息最能反映错误的位置和类型，所以调试程序时务必根据第一条错误信息进行修改，修改后，立即运行程序，如果还有很多错误，则要逐个修改，即每修改一处错误要运行一次程序。

　　6. 调试程序

　　在 Masm for Windows 中集成 CodeView（简称 CV）与 DEGUB 两种调试工具，默认为用 CV 调试程序。

　　（1）采用 CodeView 调试。CodeView 是一个简单、直观的全屏幕调试工具，它可调试多种语言的源程序所生成的执行代码。先单击"运行"按钮生成 EXE 文件，再单击"调试"按钮，会出现图 1-9 所示的 CodeView 调试器的调试界面。画面的左上窗口是调试器的主窗口，其显示被调试的源程序或执行代码，左下窗口是命令窗口，用户可输入各种 DEBUG 命令，右窗口是寄存器窗口，它可显示或修改 16 位和 32 位寄存器的内容。当然还有其他窗口，如：内存窗口、查看内容窗口（Watch）和程序输出窗口（View）等。表 1-2 为 CodeView 的常用调试功能键表。

表 1-2   CodeView 的常用调试功能键表

F2	显示/隐含的寄存器组窗口
F3	以不同的显示方式显示当前执行的程序
F4	显示程序的输出屏幕
F5/F7	执行到下一个逻辑断点，或到程序尾
F6	依次进入当前屏幕所显示的窗口
F8	单步执行指令，并进入被调用的子程序
F9	在源程序行中设置/取消断点，用鼠标左键双击之也可
F10	单步执行指令，但不进入被调用的子程序

　　图 1-9 中调试求 3+5 的汇编程序，当连续按 F10 键或连续在命令窗口输入 P 命令执行到 ADD AL，03 时，可以看到 AL 的值为 8。

　　（2）用 DEBUG 调试。

　　1）依次单击"工具/选项"，在出现图形界面上，选中"DEBUG 调试"，再单击"确定"按钮。

　　2）单击"运行"按钮生成 EXE 文件，再单击"调试"按钮，出现图 1-10 所示的界面。图 1-10 是调试求 3+5 的汇编程序，当连续输入 P 命令执行到 ADD AX，BX 时，可以看到 AL 的值为 3。

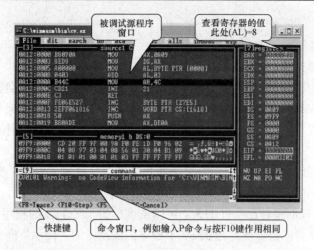

图 1-9 CodeView 调试器的调试界面

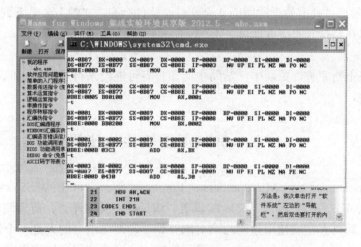

图 1-10 DEBUG 调试界面图

7. 在线帮助

当编写程序时，有可能忘记某个指令的用法，只要用鼠标单击关键字，按鼠标右键在弹出的菜单上选实时帮助或按 F2 键即可获得该指令的帮助。

8. 编辑程序

（1）在编辑程序时，建议用右键菜单实现"剪切、复制、粘贴、查找、替换、撤销与恢复"等功能。

（2）利用撤销与恢复功能更正错误。

9. 快速找到程序中的某一行语句

方法 1：当程序行数比较少时，可以通过鼠标滚轮或用鼠标拖动程序输入区的垂直滚动条的滑块，程序的行号也会随之滚动，即可找到程序中要找的行。

方法 2：单击鼠标的右键，在弹出的菜单中选择"定位到行"，在打开的对话框中输入行号，再单击"确定"按钮即可找到该行。

10. 编写良好风格、可读性强的程序

利用软件的智能缩进功能，无须人为地添加或删除空格，就可以编写出良好风格、可读

性强的程序。

11. 快速打开自己编写过的程序

可采用下面 3 种方法，推荐采用第 1 种方法。

方法 1（推荐使用）：在编写自己的程序之前，先创建好一个存放自己的程序的文件夹，然后在"Masm for Windows 集成实验环境"中依次单击"工具/选项"菜单，打开"选项"对话框，再单击"设置"按钮，在弹出的"浏览文件夹"对话框中找到刚创建好的文件夹，进行设置即可。

设置好"我的程序文件夹"后，每次在打开或保存自己的文件时，软件会自动定位到自己设置好的文件夹，可以很方便地打开或保存自己的程序。

方法 2：对于没有创建自己文件的人，可以依次单击"文件/我的程序"，打开"我的程序"对话框，在这里保存着你最近操作过的 30 个程序，按图中的"提示"操作，即可打开要找的程序。

方法 3：在勾选"列出最近所用的 4 个文件，软件会在"文件"菜单下列出最近所用的 4 个文件，从中选择要打开的文件即可。

12. 提示

该软件正在不断完善、更新中，帮助中的图片有可能没来得及替换，但不会影响读者按帮助操作此软件。

1.3 Emu8086 汇编软件的使用

Emu8086-Assembler and Microprocessor Emulator 是一个可在 Windows 环境下运行的 8086CPU 汇编仿真软件。它集成了文本编辑器、编译器、反编译器、仿真调试、虚拟设备和驱动器为一体，并具有在线使用指南，这对刚开始学习汇编语言的人是一个很有用的工具。可以在仿真器中单步或连续执行程序，其可视化的工作环境让用户操作更容易。可以在程序执行中动态观察各寄存器、标记位以及存储器中的变化情况。仿真器会在模拟的计算机中执行程序，以避免程序运行时到实际的硬盘或内存中存取数据。此外，该软件完全兼容 Intel 新一代处理器，包括 Pentium Ⅲ、Pentium Ⅳ的指令。

1. 软件启动

双击桌面上的 Emu8086 的图标，出现启动界面如图 1-11 所示，用户可以选择新建文本、程序实例、快速指南、近期文档。

软件提供的程序实例中包含了几十种典型的程序代码，其中包括数值计算、逻辑运算、屏幕显示、键盘输入、文件打印、电动机控制、温度控制、交通信号灯控制等。

在软件提供的快速指南中提供了多种在线帮助工具，其中包括文件索引、8086 CPU 指令使用指南、系统中断调用列表以及用法等。用户可以通过该工具快速地掌握 8086 CPU 指令体系和 Emu 8086 汇编真软件的使用。

2. 新建文件

单击图 1-11 中的 New 选项，软件会弹出如图 1-12 所示的选择界面。

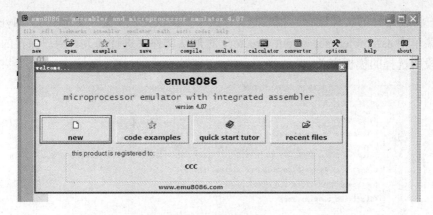

图 1-11　启动界面

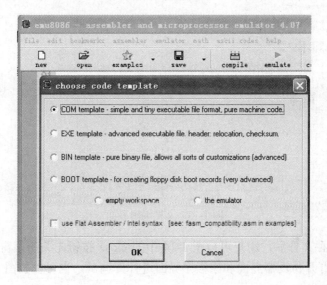

图 1-12　新建文本格式选择

（1）COM 模板。适用于简单且不需分段的程序，所有内容均放在代码段中，程序代码默认从 ORG 0100H 开始。

（2）EXE 模板。适用于需分段的复杂程序，内容按代码段、数据段、堆栈段划分。需要注意的是采用该模板时，用户不可将代码段人为地设置为 ORG 0100H，而应由编译器自动完成空间分配。

（3）BIN 模板。二进制文件，适用于所有用户定义结构类型。

（4）BOOT 模板。适用于在软盘中创建文件。

此外，若用户希望打开一个完全空的文档，可选择 empty workspace 单选项。

3. 编译和加载程序

用户可在上述选择的模板中编写程序，如图 1-13 所示。该编辑界面集文档编辑、指令编译、程序加载、系统工具、在线帮助为一体，其菜单功能见表 1-3。

编写完程序后，用户只需单击工具栏上的 compile 按钮，即可完成程序的编译工作，并弹出如图 1-14 所示的编译状态界面。若有错误，会在窗口中提示，若无错误还会弹出保存界面，让用户将编译好的文件保存到相应的文件夹中。默认文件夹为…\emu8086 \MyBuild\，但可以通过菜单中 assembler/ set output directory 对默认文件夹进行修改。用户保存的文件类型与第 1 阶段所选择的模板有关。

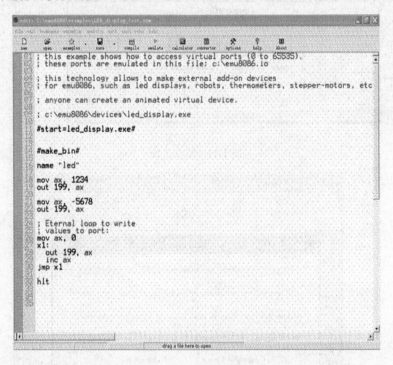

图 1-13　文档编辑界面

完成编译和保存文件后，用户可按图 1-14 中的 close 按钮先关闭该窗体，再利用工具栏上的 emulate 按钮打开仿真器界面和原程序界面进行真调试，也可以按图 1-14 中的 run 按钮直接运行程序。

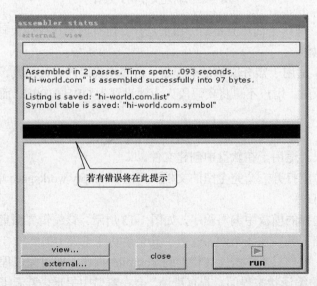

图 1-14　编译状态界面

表 1-3 编译器菜单功能

一级菜单名称	二级菜单名称	三级菜单名称	功 能
file			文件
	new		新建
		com template	com 模板
		exe template	exe 模板
		bin template	bin 模板
		boot template	boot 模板
example			实例
open			打开文件
save			保存文件
save as			另存为
prints			打印文件
export to HTML			转换为超文本文件
exit			退出
edit			编辑
undo			取消
redo			重复
cut			剪切
cope			复制
paste			粘贴
select all			选择全部
find			查找
find next			查找下一个
replace			代替
indent			缩进
outdent			凸出
comment block			将被选块变为注释
uncomment block			将被注释变为指令
advanced editor macros			高级宏汇编
advanced			高级设置
	Show line numbers		显示行编号
	tabitfy selection		空格转换为定位字元
	untabitfy selection		定位字元转换为空格
	lowercase selection		用小写字母表示
	uppercase selection		用大写字母表示
	display white space		显示出空格出空间

一级菜单名称	二级菜单名称	三级菜单名称	功　能
bookmark			书签
	toggle bookmark		在光标处放置标签
	previous bookmark		跳到上一个标签处
	next bookmark		跳到下一个标签处
	jump to first		跳到第一个标签处
	jump to last		跳到最后一个标签处
	clear all bookmark		清除所有标签
assembler			汇编
	compile		编译
	compile and load in the emulation		编译并加载到仿真器中
	fasm		Fasm 汇编
	set output　directory		设置输出文件夹
emulator			仿真器
	show emulator		显示仿真窗口
	assemble and load in the emulator		编译并加载到仿真器中
math			数学计算
	multi base calculator		多进制基本计算器
	base converter		基本转换器
ascii code			ASCII 码表
help			帮助
	documentation　and tutorials		文档及指南
	check　for an update		软件更新检查
	about		关于软件

4. 仿真调试

当用户完成程序编译后，利用工具栏中的 emulate 按钮可将编译好的文件加载到仿真器进行仿真调试。除使用 emulate 按钮外，用户也可以用菜单栏中的 assembler/compile and load in the emulation 或 emulator/assemble and load in the emulator 打开仿真器。仿真器界面如图 1-15 所示。

当用户将程序加载到仿真器后，会同时打开仿真器界面和源程序界面，用户在仿真器界面中也可以同时看到源代码和编译后的机器码。单击任意一条源程序指令，对应的机器代码显示为被选显示状态，与此同时，上面的代码指针也会相应变化。用户也可以通过这种操作了解数据段和堆栈段中各变量或数据在存储器中的情况。①用户可以利用工具栏中的 single step 按钮进行单步跟踪调试，以便仔细观察各寄存器、存储器、变量、标记位等情况；②当程序调试完毕，或需要连续运行观察时，可以使用 run 按钮；③当希望返回上一步操作时，则可以使用 step back 按钮；④若单击 reload 按钮，则仿真器会重新加载程序，并将指令指针指向程序的第一条指令；⑤利用 load 按钮，可从保存的文件夹中加载其他程序；⑥用户除使用上述工具栏中的按钮进行仿真调试外，还可以利用其菜单中的其他功能进行更高级的调试和设置。菜单的详细功能见表 1-4。

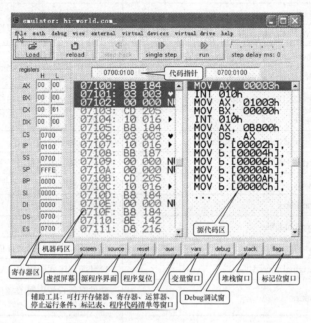

图 1-15　仿真器界面

表 1-4　　　　　　　　　　　　仿真器菜单功能

一级菜单名称	二级菜单名称	功　　能
file		文件
	load executable	加载要执行的程序
	reload	重新加载程序
	examples	打开实例
	reset emulator and ram	复位仿真器和 RAM
	set command line parameter	设置命令行参数
	set the emulator's state	保存仿真器设置
	load form previous state	载入原先保存的设置
math		数学计算
	multi base calculator	多进制基本计算器
	base converter	基本转换器
debug	single step	单步跟踪
	single over	单步
	step back	单步返回

续表

一级菜单名称	二级菜单名称	功　能
	stop on condition	设置停止运行的条件
	run until	运行到光标处
	run	连续运行
	set break point	在光标处设置断点
	clear break point	清除所有断点
	show current break point	显示当前断点指令
	show current instruction (at CS :IP)	显示当前指令
	set CS:IP to selected position	将被选指令设定为当前指令
view		观察
	log and debug.exe emulation	打开 debug.调试窗口
	extend value viewer	打开扩展数值观察器
	stack	打开堆栈窗口
	variables	打开变量窗口
	symbol table	打开标记表
	listing	显示源程序及目标文件内容
	original source code	打开源程序代码窗口
	option	软件高级设置，可设置字体、颜色、文本格式、键盘输入等
	arithmetic & logical unit	选择打开存储器、寄存器等单元，与 AUX 按钮功能相同
	flag	打开标记位窗口
	lexical flag analyser	打开文本说明格式的标记位窗口
	ascii code	打开 ASCII 码表
	emulator screen	打开模拟屏幕窗口
external		外部仿真器
	start debug.exe	启动 Windows 的 debug 仿真调试器
	command prompt	打开 DOS 命令窗口
	run	在 DOS 环境下运行程序
virtual devices		虚拟设备
	LED-Disply.exe	LED 显示器
	printer.exe	打印机
	robit.exe	机器人
	simple.exe	读/写端口
	simplest.exe	在屏幕上读/写端口
	stepper_motor.exe	步进电动机
	thermometer.exe	温度控制

续表

一级菜单名称	二级菜单名称	功　　能
	tranffic_lights	交通灯控制
	VGA_STATE.exe	显示屏控制
Virtual drive		虚拟驱动盘

1.4　Visual Studio 的 IDE 汇编软件的作用

通过 Visual Studio 2010 的 IDE 来实现汇编程序的编译、运行和调试。

Visual Studio 2010 上可通过属性页的形式来配置汇编环境。通过属性页方式配置好后，就可以在 Visual Studio 2010 的环境下编辑、调度、运行汇编程序了。

（1）开始配置前，须先安装 Visual Studio 2010，然后安装有 masm32，因为 masm32 的安装要以 Visual Studio 2010 为前提。这两个软件都可以从网上免费下载。

（2）新建空白工程。启动 Visual Studio 2010，选择"文件/新建/项目"菜单项，打开"新建项目"窗口，如图 1-16 所示。在"新建项目"窗口选择模板框中的 Empty Project（空工程），可以使用默认的"名称、位置、解决方案名称"，也可用其他名字（如 Test），并勾选"创建解决方案目录"，单击"确定"按钮。

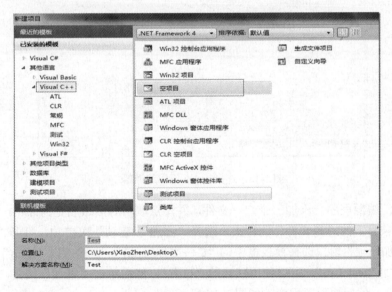

图 1-16　新建空项目

（3）自定义生成规则。因为是第一次调试源程序，需要用鼠标右键单击相应项目名称，如 Test，选择 build customizations（自定义生成规则）菜单项，打开 build customizations 窗口，如图 1-17 所示。在此窗口中勾选可用的规则文件选择 masm 汇编编译器（注：Visual C++自带的），然后单击"确定"按钮关闭窗口，如图 1-18 所示。

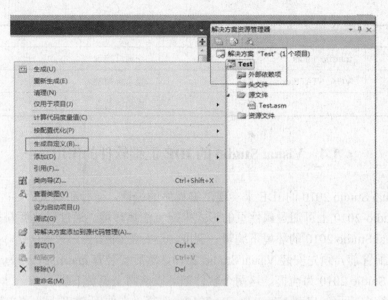

图 1-17　打开"生成自定义"窗口

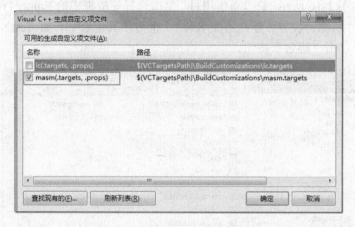

图 1-18　选择 masm 汇编编译器

（4）建立汇编源程序。添加一个 C++文件，并注意取名时后缀名记为.asm。

右击相应项目下的"源文件"文件夹，选择"添加/新建项"菜单项，打开"添加新项"窗口。在"添加新项"窗口选择模板框中的"C++文件(.cpp)"，并输入以".asm"为扩展名的文件名称，例如"test.asm"，可以使用默认的"位置"，然后单击"添加"按钮，建立空白的"test.asm"文件，然后输入源程序，如图 1-19 所示。

（5）设置 Visual C++工程的多个项目属性，如图 1-20 所示。

1）需要添加库路径。若调试美国 Irvine 编写的《Intel 汇编语言程序设计(第 5 版)》一书中的程序，则库路径指的是 Irvine 库文件所在位置，实际上此书电子课件中提供的汇编软件与 masm32 相同，其中 irvine32.inc/invine32.lib 实为 masm32.inc/masm32.lib，如图 1-21 所示。而对于编译器 masm32 是指其头文件所在的路径，其他的汇编编译器 ml.exe、链接器 link.exe、资源编译器 rc.exe 等，Visual Studio 2010 都自带。

图 1-19　添加 .asm 文件

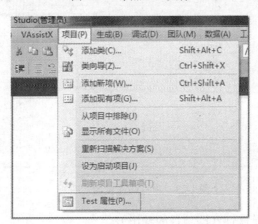

图 1-20　项目属性设置（一）

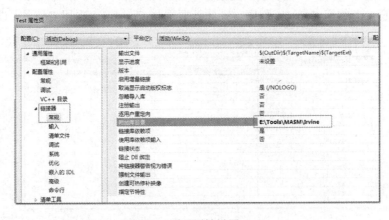

图 1-21　项目属性设置（二）

2）设置 Include paths 包含路径，添加 Irvine 所在的路径，如图 1-22 所示。

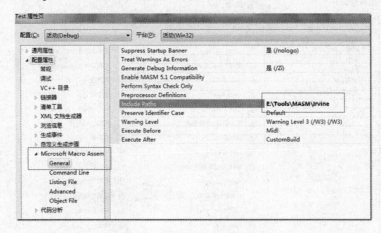

图 1-22   项目属性设置（三）

3）设置连接器所依赖的输入库文件，添加 Irvine32.lib，如图 1-23 所示。

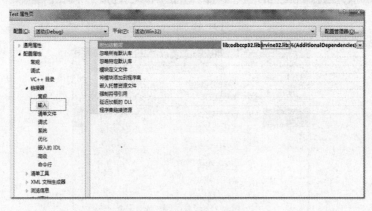

图 1-23   项目属性设置（四）

4）设置连接器的系统属性（即项目的输出）。

设置项目的输出属性，一般设置"连接器"→"系统"→"子系统"为 Windows，如图 1-24 所示。注意：若编写 Console 程序，则此处要选择 Console。采用 Console 设置会使汇编

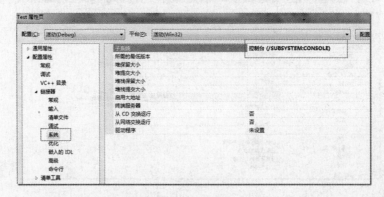

图 1-24   项目属性设置（五）

语言程序向命令行窗口输出信息更加容易。命令行窗口是在 Windows 系统 Start->Run 菜单下运行 cmd.exe 命令后显示出的窗口。

5）设置生成汇编代码列表，添加$(ProjectName).lst 属性，如图 1-25 所示。

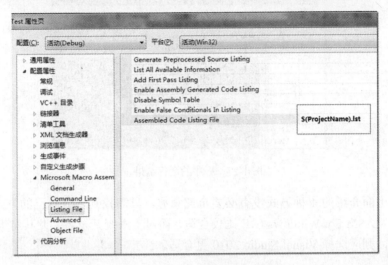

图 1-25　项目属性设置（六）

（6）编译调试程序。属性设置完成后就可以编写程序，编译并调试运行了，如图 1-26 所示。

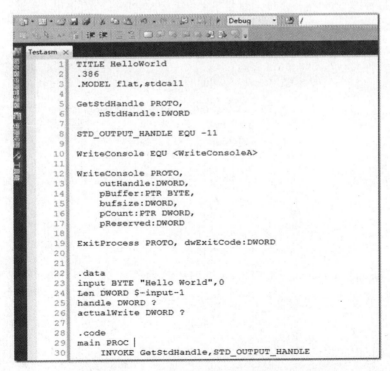

图 1-26　以 Hello World 程序为例编写的程序界面

（7）检查运行结果。程序调试完成后，就可查看运行结果，上面的程序执行后应显示

"Hello World"，如图 1-27 所示。

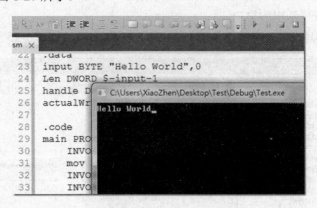

图 1-27　程序的运行结果

实际上，上面介绍的 4 种方式没有必要全部掌握，只需找到适合自己的方式即可，对于初学者，选择 MASM For Windows IDE 比较合适，而对于系统开发者，尤其对于 Win32 汇编程序的开发者，则应选择 Visual Studio 2010 更合适。

第2章 8086/8088 汇编语言软件实验

2.1 数据运算类实验

1. 实验目的

（1）熟悉在计算机上建立、汇编、链接、调试和运行 8086 汇编语言程序。

（2）掌握用组合的 BCD 码表示数据，并熟悉怎样实现组合的 BCD 码乘法运算。

（3）学习数据传送和算术运算指令的用法，掌握乘法指令和循环指令的用法。

（4）通过编制一个阶乘计算程序，了解高级语言中的数学函数是怎样在汇编语言一级上实现的。

2. 实验内容

（1）两个多位十进制数相加实验。将两个多位十进制数相加，要求被加数均以 ASCII 码形式各自顺序存放在 DATA1 和 DATA2 为首的 5 个内存单元中（低位在前），结果送回 DATA1 中。本程序的流程图参见图 2-1（汇编语言的参考程序参见电子课件中 ys1.asm 文件）。

（2）两个十进制数相乘实验。实现 ASCII 码数的乘法。被乘数和乘数均以 ASCII 码形式存放在内存中，乘积在屏幕上显示出来。本流程图参见图 2-2（汇编语言的参考程序参见电子课件中 ys2.asm 文件）。

（3）BCD 码相乘程序。实现 BCD 码的乘法，要求被乘数和乘数以组合的 BCD 码形式存放，各占一个内存单元。乘积存放在另外的内存单元中。本程序的流程图参见图 2-3（汇编语言的参考程序参见电子课件中 ys3.asm 文件）。

（4）计算 $N!$ 实验。编写计算 $N!$ 的程序。数值 N 从键盘输入，结果在屏幕上输出。N 的范围为 0～65 535。即刚好能被一个 16 位寄存器容纳。本程序的流程图参见图 2-4（汇编语言的参考程序参见电子课件中 ys4.asm 文件）。

提示：编制阶乘程序的难点在于随着 N 的增大，其结果不是寄存器所能容纳。这样就必须把结果放在一个内存缓冲区中。然而乘法运算只能限制于两个字相乘，因此要确定好算法，依次从缓冲区中取数，进行两字相乘，并将 DX 中的高 16 位积作为产生的进位。程序根据阶乘的定义：$N! = N \times (N-1) \times (N-2) \times \cdots \times 2 \times 1$，从左往右依次计算，结果保存在缓冲区 BUF 中，缓冲区 BUF 按结果由低到高依次排列。程序首先将 BP 初始化为存放 N 值，然后使 BP 为 $N-1$，以后 BP 依次减 1，直至变化到 1。每次让 BP 与 BUF 中的字单元按由低到高的次序相乘。低位结果 AX 仍保存在相应的 BUF 字单元中，最高位结果 DX 则送到进位字单元 CY 中，以作为高字单元相乘时从低字来的进位。初始化 CY 为 0，计算结果的长度随着乘积运算而不断增长，由字单元 LEN 指示。当最高字单元与 BP 相乘时，若 DX 不为 0，则结果长度要扩展。

3. 实验参考流程图

实验参考流程图如图 2-1～图 2-4 所示。

4. 思考题

（1）在两个多位十进制数相加的实验中，如何改变加数与被加数的个数？通过改变哪些语句就能够实现两个多位十六进制数相加？

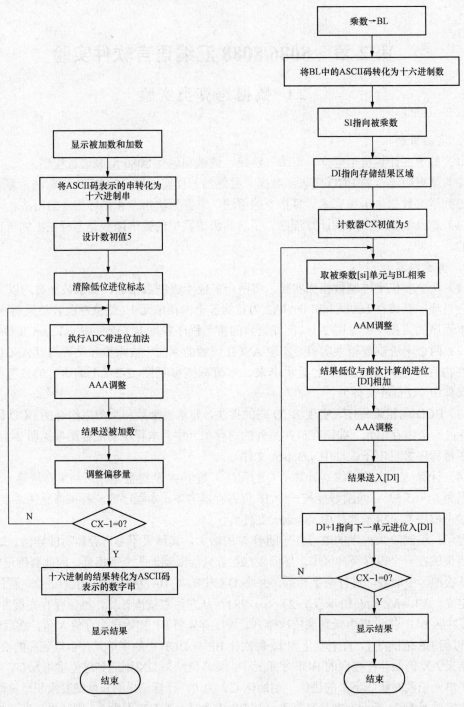

图 2-1　两个多位十进制数相加的流程图　　　　图 2-2　两个十进制数相乘的流程图

（2）在两个十进制数相乘的实验中，如果每一位与被乘数相乘之后有进位该怎么办？

（3）在 BCD 码相乘的程序中，试修改程序，实现两字节或多字节数据相乘。

（4）在 $N!$ 的实验中，简述如何实现 $N!$ 的计算。假设 $N(N-1)(N-2)$ 的乘积已经在 BUF 中，占两个字，此时长度单元 LEN 的值为多少？要进行 $(N-3)$ 乘以缓冲区内容，BP 应为多少？BX 初始值等于多少？需要执行几次乘法指令？说明实现过程，$N!$ 循环终止条件是什么？

（5）编写两个多位数值长度不等的 BCD 码相加的程序。

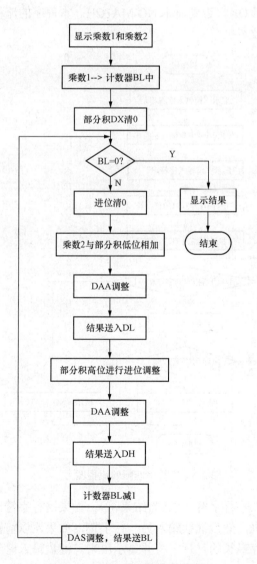

图 2-3　BCD 码相乘的流程图

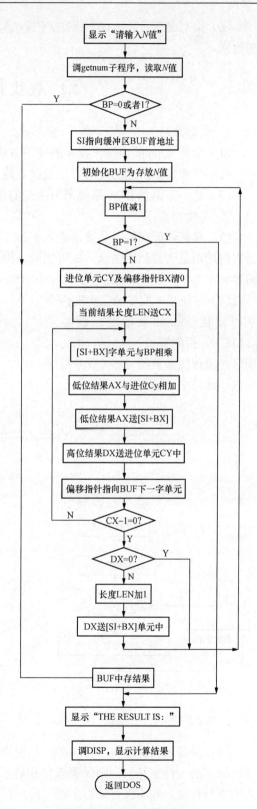

图 2-4　计算 $N!$ 的流程图

（6）编写带符号数 A1B1+A2B2 的程序，其中 A1、A2、B1、B2 均为带符号单字节二进制数据。

2.2 查找和排序类实验

1. 实验目的

（1）掌握 8086 的串操作指令的使用方法。

（2）掌握提示信息的使用方法及键盘输入信息的用法。

（3）进一步熟悉 DOS 系统调用功能的使用方法。

2. 实验内容

（1）字符匹配实验。从键盘输入字符，并判断是否和内存中的字符（空格 20H）匹配。退出时给出是否找到的信息。如果相同，则显示 OK，否则显示 NO MATCH。本程序的流程图参见图 2-5（参考程序见电子课件中 zf5.asm 文件）。

（2）字符串匹配实验。实现两个字符串比较。如果相同，则显示 MATCH，否则显示 NO MATCH。本程序的流程图参见图 2-6（参考程序见电子课件中 zfc6.asm 文件）。

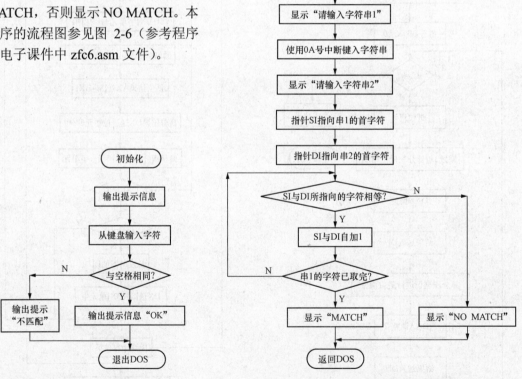

图 2-5　字符匹配的流程图　　　　图 2-6　字符串匹配的流程图

（3）保留最长行输入字符实验。从键盘输入一行字符（以$为结束符）。如果这行字符比前面输入的一行字符长，则保留该行并显示出来，然后继续输入另一行字符，如果比以前输入的字符行短，则不保存这行字符。最后，保存最长的一行字符并显示出来。键盘输入时结束字符为'#'字符。本程序的流程图参见图 2-7（参考程序见电子课件中 zfcc7.asm 文件）。

（4）排序实验。读取内存中的 50 个数，从键盘输入段地址、偏移地址，并将这些数由小到大排序（采用气泡排序方法）并输出，排序后的数仍放在区域内。本程序的流程图参见图 2-8（参考程序见电子课件中 Px8.asm 文件）。

（5）学生成绩名次表实验。将 0～100 的 30 个成绩存入首址为 1000H 的单元中。1000H+i 表示学号为 i 的学生成绩。编写程序，使得在 2000H 开始的区域排出名次表。2000H+i 为学号为 i 的学生名次。本程序的流程图参见图 2-9（参考程序见电子课件中 mc9.asm 文件）。

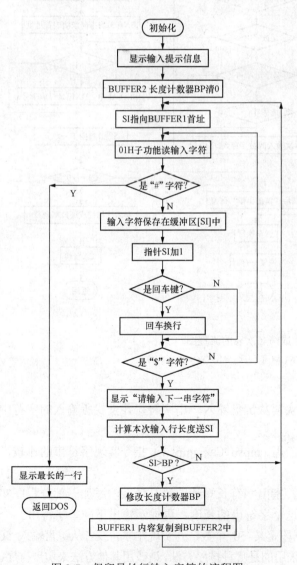

图 2-7 保留最长行输入字符的流程图

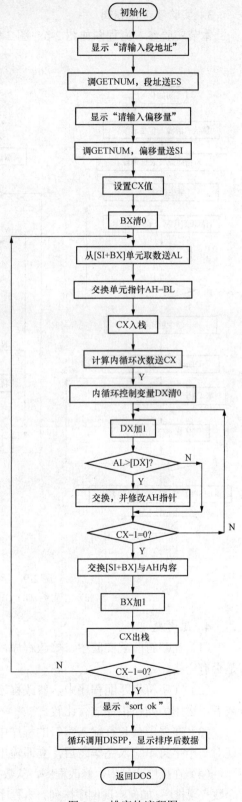

图 2-8 排序的流程图

3. 实验参考流程图

本节实验参考流程图如图 2-5～图 2-9 所示。

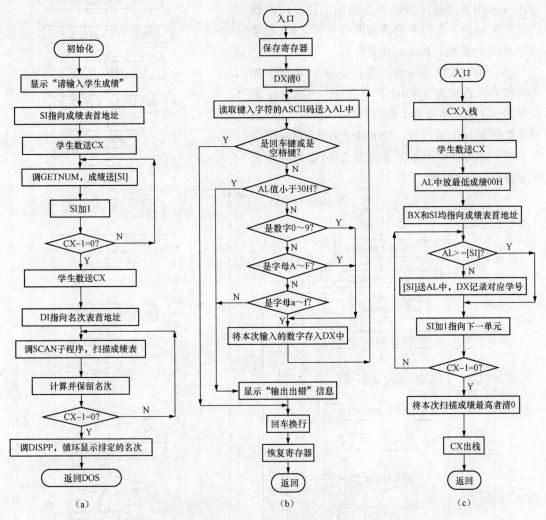

图 2-9   学生成绩名次表的流程图

（a）主程序；（b）GETNUM 子程序；（b）SCAN 子程序

4. 思考题

（1）在字符匹配实验中，修改程序，实现从键盘输入一串字符，并查找所输入的字符中是否有空格。

（2）在字符串匹配程序中，修改程序，用 cmpsb（或 cmpsw）指令实现字符串的比较，或者不运用串操作指令进行比较。

（3）在保留最长行输入字符的程序中，指出字符长短计数器是什么，添加一部分程序实现对一个字符串输入完毕之后，立即输出这个字符串的长度，再提示输出下一串字符串。

（4）在排序实验中，修改程序，从数据段定义 50 个数，并实现排序。或者从键盘输入 50 个数实现排序。如何实现倒序排列？本程序采用的是哪种排序方法，请改用其他方法来实现排序。

（5）在学生成绩名次表实验中，修改程序，实现名次表的十进制输出。修改程序实现输入数据放在一行，以空格隔开，输出的名次表写在对应的下方。

（6）编程实现统计 20 个学生成绩中分数为 85 的学生个数。

（7）编程实现求无符号（或带符号）字节型数列中的最大值和最小值。

2.3　键盘和窗口类实验

1. 实验目的

（1）掌握接收键盘数据的方法，并了解将键盘数据显示时需转换为 ASCⅡ码的原理。

（2）掌握字符和数据的显示方法。

（3）掌握年.月.日的输入方法。

（4）掌握响铃符的使用方法。

（5）掌握利用计算机扬声器发出不同频率声音的方法，学习利用系统功能调用从键盘上读取字符的方法。

（6）了解和掌握 INT 10H 的 02H 功能设置光标位置的方法。

（7）掌握 INT 10H 的 07H 功能清除和设置窗口属性的方法。

2. 实验内容

（1）从键盘输入数据并显示实验。将键盘接收到的 4 位十六进制数据转换为等值的二进制数，再显示在终端上。本程序的流程图参见图 2-10（参考程序见电子课件中 A10.asm 文件）。

（2）字符和数据显示实验。先显示信息"INPUT STRING THE END FLAG IS &"，再接收字符。如果为 0～9，则计数器加 1，并显示数据；如果非数字，则直接显示，但不计数。本程序的流程图参见图 2-11（参考程序见电子课件中 zxs11.asm 文件）。

（3）接收日期并显示实验。接受年.月.日信息并显示的程序先显示"WHAT IS THE DATA（MM/DD/YY）？"并响铃一次，然后接受键盘输入的月/日/年信息，并显示。本程序的流程图参见图 2-12（参考程序见电子课件中 nyr12.asm 文件）。

（4）响铃实验。从键盘接受输入字符，如果是数字 N，则响铃 N 次，并输出 N 个空格和 A。如果不是数字，则不响。以 Ctrl+C 键退出。本程序的流程图参见图 2-13（参考程序见电子课件中 xl13.asm 文件）。

（5）计算机钢琴实验。编程使计算机成为一架可弹奏的钢琴。当按下数字 1～8 时，依次发出 1,2,3,4,5,6,7,i 八个音调，按下 Ctrl+C 组合键，则退出"钢琴"状态。本程序的流程图参见图 2-14（参考程序见电子课件中 gq14.asm 文件）。

提示：利用计算机的键盘与扬声器电路可设计简易电子琴程序。计算机内的扬声器电路与端口地址如图 2-15 所示。计算机扬声器发声驱动系统由机内的 8255 I/O 接口的 PB0 控制 8253 通道 2 的定时计数；PB1 来控制扬声器的接通和断开，以此来发声。8255 PB 口地址为 61H；8253 通道 2 口地址为 42H，控制口为 43H。通过给 8253 定时器装入不同的计数值，可以使其输出不同频率的波形。当与门打开后，经过放大器的放大作用，便可驱动扬声器发出不同频率的音调。要使音调的声音持续一段时间，只要插入一段延时程序之后，再将扬声器切断（关闭与门）。另外，要使计算机成为可弹奏的钢琴，需要使用系统调用的 01H 功能以接收输入的字符，并且要建立一张表，使输入字符与频率构成一个对应关系，见表 2-1。

（6）清除窗口实验。清除左上角（10，20），右下角为（50，60）的窗口，并将其初始化为反向显示。本程序的流程图参见图 2-16（参考程序见电子课件中 ck15.asm 文件）。

提示：可利用 INT 10H 的 07H 功能清除和设置窗口属性。

3. 实验参考流程图

实验参考流程图如图 2-10～图 2-16 所示。

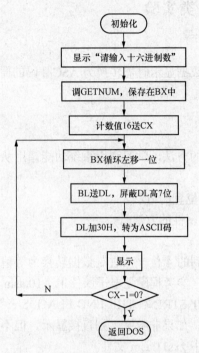

图 2-10　从键盘输入数据并显示流程图

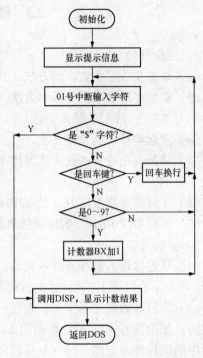

图 2-11　字符和数据显示流程图

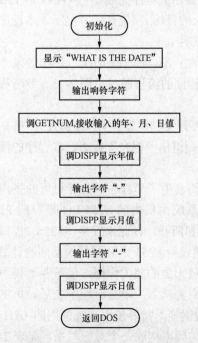

图 2-12　接收日期并显示流程图

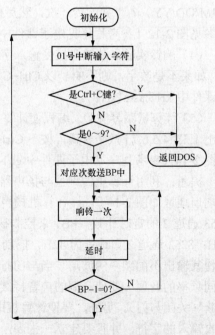

图 2-13　响铃流程图

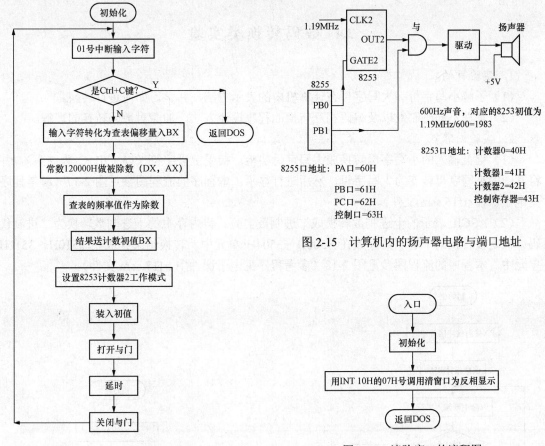

图 2-15　计算机内的扬声器电路与端口地址

图 2-14　计算机钢琴的流程图

图 2-16　清除窗口的流程图

表 2-1　　　　　　　　　　　　　输入字符与频率的对应关系表

键入字符	1	2	3	4	5	6	7	8
音符	1	2	3	4	5	6	7	i
频率值 Hz（中音）	524	588	660	698	784	880	988	1048
频率值 Hz（低音）	262	294	330	347	392	440	494	523

4. 思考题

（1）从键盘输入数据并显示的程序，修改程序，实现二进制输入，二进制输出程序。

（2）在字符和数据的显示程序中，修改程序，实现输入字符串之后，统计当中的非数字个数，并分别输出串里面的字符和数据。

（3）在接受年、月、日信息并显示的程序，理清程序中的出入栈结构图，简化显示子程序。

（4）在响铃程序中，修改程序，实现每次输入一个数字后换行。实现 10 次以上的响铃程序。

（5）编程使计算机能模仿钢琴弹出 2 首经典名曲。

（6）在屏幕中间建立一个 20 列宽，9 行高的窗口，然后将键盘输入的字符在屏幕窗口上显示出来，当一行（20 个字符）填满时，此行自动向上滚动。

2.4　数码转换类实验

1. 实验目的

（1）了解小写字母和大写字母在计算机内的表示方法，并学习如何进行转换。

（2）掌握不同进制数以及编码相互转换的程序设计方法，加深对数码转换的理解。

2. 实验内容

（1）键盘输入的小写字母转换成大写字母实验。接受键盘字符（以 Ctrl+C 为结束），并将其中的小写字母转变为大写字母，然后进行显示。本程序的流程图参见图 2-17（参考程序见电子课件 trf16.asm 文件）。

（2）ASCII 表示的十进制数转换成二进制数实验。将内存中的十进制数转换为二进制代码。假定被转换的十进制数存放在 3500H～3504H 单元中，转换结果存放在 3510H～3511H 单元中。本程序的流程图参见图 2-18（参考程序见电子课件中 trf17.asm 文件）。

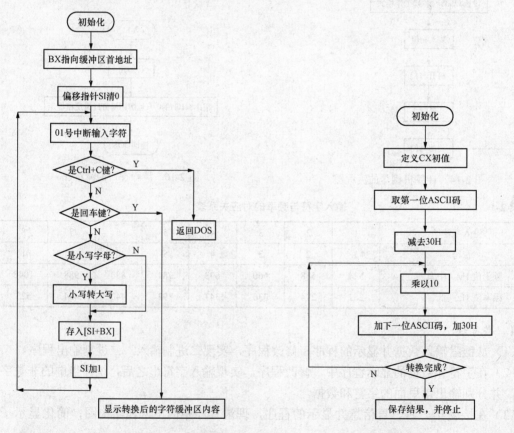

图 2-17　小写字母转成大写字母的流程图　　　图 2-18　ASCII 表示的十进制数转成二进制数的流程图

测试步骤：在 DEBUG 下，3500H～3504H 单元存入十进制数 12 的 ASCII 码，输入"E3500"回车，并输入"30 30 30 31 32；G=0000：100"，按 Enter 键运行程序；用 D3510，按 Enter 键查看结果，应该为 3510 0C 00；调整输入值，测试程序的正确性。

（3）十进制数的 ASCII 码转换成 BCD 码实验。假设从键盘输入的 5 个十进制 ASCII 码已经存放在 3500H 起始的内存单元内，把它转换成 BCD 码后，再按位分别存入 350AH 开始的内存单元内。若输入的不是十进制的 ASCII 码，则对应存放结果的单元内容为 FF。本程序的流程图参见图 2-19（参考程序见电子课件 trf18.asm 文件）。

测试步骤：在 DEBUG 下，3500H～3504H 单元存入 5 个十进制数的 ASCII 码，输入"E3500"回车，并输入"31 32 33 34 35；G=0000: 100"，按 Enter 键运行程序；用 D350A，按 Enter 键查看结果，应该为 350A 01 02 03 04 05 CC。调整输入值，测试程序的正确性。

（4）十六进制数转换成 ASCII 码实验。设 4 位十六进制数存放于起始地址为 3500H 的内存单元中，把它们转换成 ASCII 码后，再分别存入起始地址为 350AH 的内存单元中。十六进制数加 30H 即可得到 0H～9H 的 ASCII 码，而要得到 AH～FH 的 ASCII 码，则需再加 7H。本程序的流程图参见图 2-20（参考程序见电子课件 trf19.asm 文件）。

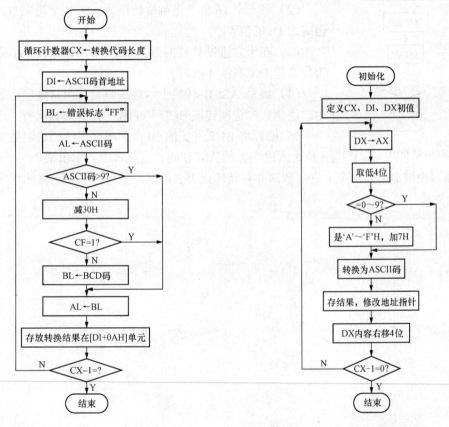

图 2-19　ASCII 码转换成 BCD 码　　　　图 2-20　十六进制数转换成 ASCII 码

测试步骤：在 DEBUG 下，3500H～3501H 单元存入 4 个十六进制数 203B，输入"E3500"回车，并输入"3B 20；G=0000: 100"，按 Enter 键运行程序；用 D350A，按 Enter 键查看结果，应该为 350A 32 30 33 42 CC。输入的数与结果 ASCII 对应顺序相反。调整输入值，测试程序的正确性。

（5）BCD 码转换成二进制码实验。假设 5 个两位十进制数的 BCD 码存放在起始地址为 3500H 的单元中，转换出的二进制数码存入起始地址为 3510H 的内存单元中。本程序的流程图参见图 2-21（参考程序见电子课件 trf20.asm 文件）。

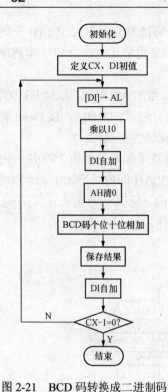

图 2-21　BCD 码转换成二进制码

测试步骤：在 DEBUG 下，3500H～3504H 单元存入 4 个十进制数的 BCD 码，输入"E3500"回车，并输入"01 02 03 04 05 06 07 08；G=0000: 100"，按 Enter 键运行程序；用 D3510，按 Enter 键查看结果，应该为 3510 0C 00 22 00 38 00 4E 00；调整输入值，测试程序的正确性。

3. 实验参考流程图

参见图 2-21。

4. 思考题

（1）将一个 5 位十进制数转换为二进制数（十六位）时，最小和最大的十进制数各是多少？

（2）将一个 16 位二进制数转换为 ASCII 十进制数时，如何确定 Di 的值？

（3）在十六进制数转换为 ASCII 时，存储转换结果后，为什么把 DX 右移 4 次？

（4）编写 ASCII 转换十六进制整数、十六进制小数转换为二进制、二进制转换 BCD 码的程序，并调试运行。

（5）编程将 BUF 开始的 10 个字单元中的二进制数转换成 4 位十六进制数的 ASCII 码，在屏幕上显示出来。

（6）编写由键盘输入一个十进制数，并将其转化为二进制，运行开平方运算的程序。

第二部分　8088 硬件接口实验部分

第 3 章　8088 硬件实验系统平台

8088 硬件接口实验部分的所有硬件接口实验需要在一个硬件实验平台上进行，下面就介绍对硬件实验平台的基本要求。

3.1　8088 技术指标要求

实验系统总体原理框图如图 3-1 所示。本硬件实验系统的技术指标要求如下：

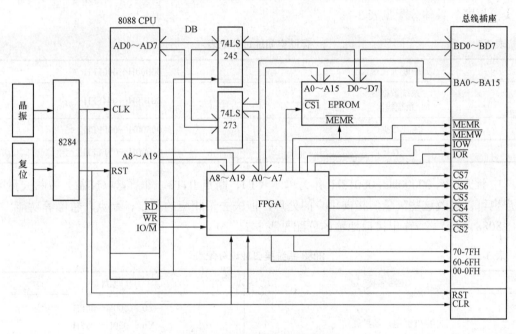

图 3-1　实验系统总体原理框图

（1）系统的 CPU 及工作方式。采用主频为 4.77MHz 的 8088CPU 为主 CPU，并以最小工作方式构成系统；系统用 FPGA 器件组成整个系统控制逻辑。

（2）系统的内存扩展。系统以 2 片 62256 静态 RAM 构成系统的 64KB 基本内存，地址范围为 00000H～0FFFFH。其中 00000H～004FFH 为系统数据区，00500H～00FFFH 为用户数据区，01000H～0FFFFH 为用户程序区，另配 1 片 32KB EPROM 存放系统程序和实验程序，地址范围为 F8000H～FFFFFH。

（3）系统扩展的 I/O 接口。系统扩展的 I/O 接口芯片有定时/计数器接口（8253A）、并行接口（8255A）、A/D 转换（0809）、D/A 转换（0832）、中断控制器接口（8259A）、键盘显示接口（8279A）、DMA 控制器 8237A 和串行通信接口（8251A）等。

（4）系统配置的 I/O 设备。系统配置的 I/O 设备有逻辑开关电路、发光二极管显示电路、时钟电路、单脉冲发生电路、继电器及驱动电路、直流电动机测速及控制驱动电路、步进电动机及驱动电路、电子音响及驱动电路、模拟电压产生电路等。

（5）系统配置的键盘/显示器。系统自带键盘/显示器，4×4 键盘具有一键多功能特性并可单机独立运行；显示器为 8 路 LED 发光管和 16×16 点阵 LCD 显示器。

（6）系统的总线扩展。系统备有系统总线扩展插座，便于其他硬件接口器件的扩展；提供标准 RS232 异步通信接口和 USB 通信接口，以连接计算机。

（7）系统的软件配置。系统配备在 DOS 或 Windows 下的汇编语言相关软件，系统可以单步、断点、连续等方式调试汇编语言程序。

3.2　8088 系统资源分配

8088 有 1MB 存储空间，系统提供给用户使用的空间为 00000H～0FFFFH，用于存放调试实验程序，具体分配见表 3-1。

表 3-1　　　　　　　　　　　　　　存储空间地址分配表

中断矢量区	00000H～000FFH
系统数据区 系统栈区	00100H～004FFH
用户数据区	00500H～00FFFH
用户程序区	01000H～0FFFFH

中断矢量区 00000H～00013H 作为单步（T）、断点 INT3、非屏蔽（NMI）中断矢量区，用户也可以更改这些矢量，指向用户的处理，但失去了相应的单步、断点、暂停等功能。

8088 系统输入/输出接口地址的分配见表 3-2。

表 3-2　　　　　　　　　　　　　8088 系统接口地址分配表

电路名称	口地址
提供给用户的扩展口	$\overline{Y0}$：000H～00FH $\overline{Y6}$：060H～06FH $\overline{Y7}$：070H～07FH
8253A 定时/计数器接口	通道 0 计数器 048H 通道 1 计数器 049H 通道 2 计数器 04AH 通道 3 计数器 04BH
8259A 中断控制器接口	命令寄存器 020H 状态寄存器 021H
8279A 键盘显示接口	数据口 0DEH 命令状态口 0DFH
8251A 串行接口	数据口 050H 命令口 051H

3.3　通 用 外 围 电 路

8088 实验系统中需要设计一些通用外围电路，这样才能进行必要的硬件接口实验。

（1）逻辑电平开关电路。该系统提供 8 个逻辑电平开关，每一个输出端有一个插孔，分别标有 K1～K8。开关向上打时，输出高电平"1"，向下时输出低电平"0"。

（2）发光二极管显示电路。实验系统提供有 8 个发光二极管。其输入端有 8 个插孔，分别标有 L0～L7，它对应 1～7 个发光二极管。 输入端为高电平"1"时，发光二极管亮；输入端为低电平"0"时，发光二极管灭。

（3）时钟电路。1Hz～1MHz 时钟信号分多挡输出，供 0809 A/D 转换器、8253A 定时/计数器、8251A 串行接口实验使用。

（4）单脉冲发生电路。采用 RS 触发器产生正、负单脉冲。实验者每按一次 AN 按钮，即可以从两个插座上分别输出一个正脉冲 SP 及负脉冲 $\overline{SP}$，供中断、DMA、定时/计数器等实验使用 。

（5）继电器及驱动电路。现代自动化控制设备中都存在一个电子与电气电路的互相联结问题。一方面要使电子电路的控制信号能够控制电气电路的执行元件（电动机、电磁铁、电灯泡等）；另一方面又要为电子电路的电气设备提供良好的电隔离，以保护电子电路和操作人员的人身安全。电子继电器便能完成这一桥梁作用。实验系统上设有一个+5V 直流继电器及相应的驱动电路，当其开关量输入端 JIN 插孔输入数字电平"1"时，继电器动作，动合触点闭合、动断触点断开。通过相应的实验使学生了解开关量控制的一般原理。

（6）直流电动机及驱动电路。系统中设计有一个+5V 直流电动机及相应的驱动电路。小直流电动机的转速是由加到其输入端 DJ 的脉冲电平及占空比来决定的，正向占空比越大，转速越快，反之越慢。驱动电路输出接直流电动机。

（7）步进电动机及驱动电路。步进电动机是工业控制及仪表中常用的控制元件之一，它有输入脉冲与电动机轴转角成比例的特征，在智能机器人、软盘驱动器、数控机床中应用广泛，微机控制步进电动机最适宜。系统中设计使用 20BY-0 型号步进电动机，它使用+5V 直流电源，步距角为 18°，电动机线圈由四相组成，即 A、B、C、D 四相。驱动方式为二相励磁方式，各线圈通电顺序见表 3-3。驱动器输出 BDJ-A～D 接步进电动机。

表 3-3　　　　　　　　　　　各线圈通电顺序表

顺序相	Φ_1	Φ_2	Φ_3	Φ_4
0	1	1	0	0
1	0	1	1	0
2	0	0	1	1
3	1	0	0	1

（8）电子音响及驱动电路。音响电路的控制输入插孔为 SIN，控制输入信号经三极管放大后接扬声器。

（9）模拟信号电平产生电路。系统中提供 1 路 0～5V 模拟电压信号 U_{out}，供 A/D 转换实验时用。

（10）总线扩展插座。采用 40 芯圆孔插座，引出数据总线 D0～D7、地址总线 A0～A19、存储器读/写信号 $\overline{\text{MEMR}}$ 、 $\overline{\text{MEMW}}$ 、I/O 读/写信号 $\overline{\text{IOR}}$ 、 $\overline{\text{IOW}}$ 、复位 RST、时钟 CLK、电源 U_{cc}、地 GND，供扩展实验电路用。

（11）液晶显示频率计。系统自带 50MHz 液晶显示频率计，用于实验时的频率测量。

第4章 8088硬件接口实验

4.1 存储器读/写实验

1. 实验目的

（1）熟悉静态 RAM 的使用方法，掌握 8088 微机系统扩展 RAM 的方法。

（2）熟悉静态 RAM 读/写数据编程方法。

2. 实验内容

对指定地址区间的 RAM（2000H～23FFH）先进行写数据 55AAH，然后将其内容读出再写到 3000H～33FFH 中。

3. 硬件电路

系统内部已连接好，本实验不需再做任何连线。

4. 实验步骤

下面以 8088CPU/MCS-51 集成实验系统 DVCC-58CF 为例，详细说明硬件接口实验的一般步骤。若用户采用其他的 8086/8088 实验装置，实验步骤基本相同。

（1）设置本实验系统为 8088 硬件实验状态。下面所有 8088 硬件接口实验前都需做的连线：①连接串口线；②用 IDE 线将 JFZ 与 J88 相连；③88 电源部分 K88 置 ON；④CPU 系统接口区的 51 与 88 片选用短路片将靠近 88 的两个引角短接；⑤将 SDF 与 WF 片选用短路片将靠近 WF 端短接。接好线后，不要拆除连线，以便再做其他 8088 硬件接口实验。

（2）双击桌面 dv88.exe，然后按 DVCC 实验系统右边红色复位键，上面的七段数码管显示 DVCC-86H。

（3）联机操作。通过单击 DVCC 实验系统上的连接图标，会自动打开数据窗口、寄存器窗口等，表示本实验系统与计算机联机成功，如果出现连接失败，则需要重新 DVCC 实验系统右边红色复位键。

（4）DVCC 实验系统→选项→实验指南工具栏，选择要做的实验项目，查看目的、内容、原理、位置等（本部分内容相当于装载进计算机的实验指导书）。了解实验的所有知识，并按内容和原理图连线。

（5）DVCC 实验系统→新建，编程序，文件名保存为英文名字或数字（注意：不能包含中文字符，文件保存路径：C：/DVCC）。

（6）单击编译，改正出错的地方，直到程序完全正确。

（7）单击调试（等待数秒钟调试完毕，到没有出错标志，并且反汇编窗口装载程序正确）。

（8）单击 exe 可执行程序运行，运行实验程序。

（9）查看实验结果。在程序正常运行后，再次复位和再次联机，通过串口实现内部存储器读操作。因为存储器读/写实验是对实验箱内置的存储器进行读/写操作，所以需要先复位断开串口的程序传输状态和存储器写数据状态。窗口→显示数据窗口→鼠标右键单击数据窗口→设置数据块新地址→0000：2000，按 Enter 键，0000：3000，再按 Enter 键，查看结果是否正确。

（10）退出运行。计算机上长按键盘 ESC 键 3s；实验箱上按红色复位键，直到上面的七段数码管显示 "dvcc-86H"。

下面其他 8088 硬件接口的实验步骤与上述步骤基本相同，只不过还需再连接几根线，另外软件名称不同而已。

5．实验软件参考程序

请参见本书电子课件，文件名为 HRAM.ASM。

6．思考题

（1）查看数据窗口的时候输入 "0000：2000" 后按 Enter 键，可否修改为 2000 按 Enter 键，为什么？

（2）不使用串操作指令，改用其他指令实现程序要求的功能。

（3）参照存储器读/写实验程序，画出写入 1B 数据到 SRAM 存储器单元中的时序图。

4.2　8255A 可编程并行口实验

1．实验目的

（1）掌握并行接口芯片 8255A 和微机接口的连接方法。

（2）掌握并行接口芯片 8255A 的工作方式及其编程方法。

2．实验内容

（1）实验原理。实验原理如图 4-1 所示，PC 口 8 位接 8 个开关 K1～K8，PB 口 8 位接 8 个发光二极管，从 PC 口读入 8 位开关量送 PB 口显示。拨动 K1～K8，PB 口上接的 8 个发光二极管 L0～L7 对应显示 K1～K8 的状态。

（2）实验线路连接。

1）8255A 芯片 PC0～PC7 插孔依次接 K1～K8。

2）8255A 芯片 PB0～PB7 插孔依次接 L0～L7。

3）8255A 的 $\overline{CS}$ 插孔 CS_8255 接译码输出 $\overline{Y7}$ 插孔。

3．实验软件框图

参考流程图如图 4-2 所示。

4．实验步骤

（1）按图 4-1 连好线路。

（2）运行实验程序。在数码管上显示 "8255-1"，同时拨动 K1～K8，L0～L7 会跟着亮灭。

5．实验软件参考程序

请参见本书电子课件，文件名为 H8255-1.ASM。

6．思考题

（1）修改程序实现一个开关控制 2 个或 3 个灯亮灭。

（2）添加延时程序，去掉开关连线，实现 8 个灯循环亮灭。

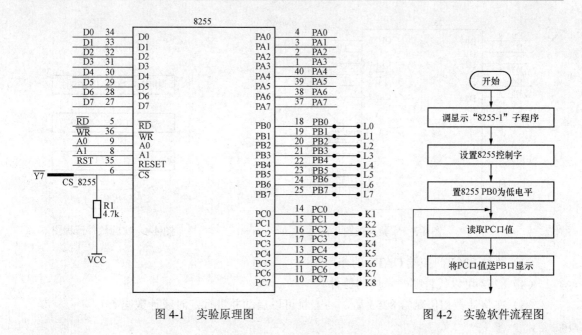

图 4-1 实验原理图   图 4-2 实验软件流程图

4.3 8253A 定时/计数器实验

1. 实验目的

学习 8253A 可编程定时/计数器与 8088CPU 的接口方法；了解 8253A 的工作方式；掌握 8253A 在各种方式下的编程方法。

2. 实验内容

本实验原理图如图 4-3 所示，8253A 的 A0、A1 接系统地址总线 A0、A1，故 8253A 有 4 个端口地址，8253A 的片选地址为 48H～4FH。因此，本实验板中的 8253A 4 个端口地址为 48H、49H、4AH、4BH，分别对应通道 0、通道 1、通道 2 和控制字。采用 8253A 通道 2，工作在方式 3（方波发生器方式），输入时钟 CLK2 为 1MHz，输出 OUT2 要求为 1kHz 的方波，并要求用接在 GATE0 引脚上的导线是接地（"0"电平）或甩空（"1"电平）来观察 GATE 对计数器的控制作用，用示波器观察其输出波形。

3. 实验软件框图

参考流程图如图 4-4 所示。

4. 实验步骤

（1）按原理图连接线路，8253A 芯片的 CLK2 引出插孔连分频输出插孔 1MHz。

（2）运行实验程序。用示波器测量 8253A 的 OUT2 输出插孔，应有频率为 1kHz 的方波输出，幅值 0～4V。

5. 实验软件参考程序

请参见本书电子课件，文件名为 H8253.ASM。

6. 思考题

（1）改变计数器计数值，实现 2kHz、100kHz 等频率方波输出。画出时序图。

（2）如果不使用方式 3，则需修改程序，请编程改用其他方式实现方波输出。

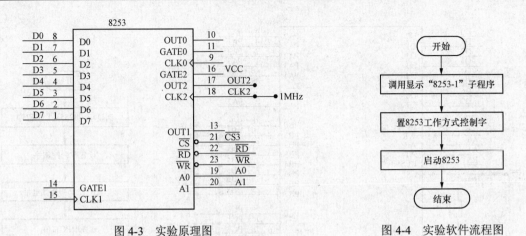

图 4-3　实验原理图　　　　　　　　　　　图 4-4　实验软件流程图

（3）总结 8253 门控端 GATE 的作用。

（4）8253 可以代替哪些常用的器件？

（5）在将计数初值赋给 8253 后，马上就可以启动并进行定时或计数吗？

4.4　8251A 的串行接口应用实验

1．实验目的

（1）掌握用 8251A 接口芯片实现微机间的同步和异步通信。

（2）掌握 8251A 芯片与微机的接口技术和编程方法。

2．实验内容

实验原理图如图 4-5 所示，8251A 的片选地址为 050H～05FH，8251A 的 C/$\overline{\text{D}}$ 接 A0，因此，8251A 的数据口地址为 050H，命令/状态口地址是 051H，8251A 的 CLK 接系统时钟的

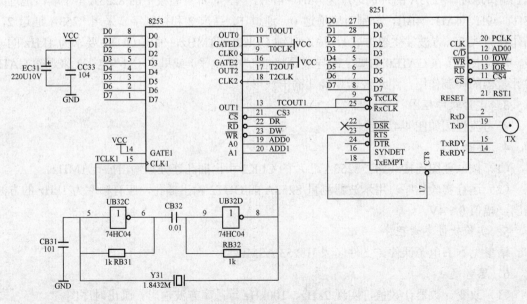

图 4-5　实验原理图

2 分频输出 PCLK（2.385MHz），图中接收时钟 RXC 和发送时钟 TXC 连在一起接到 8253A 的 OUT1，8253A 的 OUT1 输出频率不小于 79.5kHz。

本实验采用 8251A 异步方式发送，波特率为 9600 b/s，因此 8251A 发送器时钟输入端 TXC 输入一个 153.6kHz 的时钟（9600×16）。这个时钟由 8253A 的 OUT1 产生。8253A 的 CLK1 接 1.8432MHz，它的 12 分频正好是 153.6kHz。故 8253A 计数器 1 设置为工作方式 3——方波频率发生，其计数初值为 000CH。

本实验发送字符的总长度为 10 位 [1 个起始位（0），8 个数据位（D0 在前），1 个停止位（1）]，发送数据为 55H，反复发送，以便用示波器观察发送端 TXD 的波形。用查询 8251A 状态字的第 0 位（TXRDY）来判断 1 帧数据是否发送完毕，当 TXRDY=1 时，发送数据缓冲器空。

3. 实验程序框图

参考流程图如图 4-6 所示。

4. 实验步骤

（1）运行实验程序，数码管上显示"8251-1"。

（2）用示波器探头测 8251 的 19 脚波形，以判断起始位、数据位以及停止位的位置。

（3）本实验只在单机状态下完成。

5. 实验软件参考程序

请参见本书电子课件，文件名为 H8251-1.ASM。

6. 思考题

（1）8251A 有几种工作方式？其数据格式如何？

（2）8251A 对收发时钟有何特殊要求？

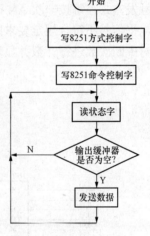

图 4-6 实验程序流程图

4.5 8259A 的单级中断控制实验

1. 实验目的

（1）掌握中断控制器 8259A 与微机接口的原理和方法。

（2）掌握中断控制器 8259A 的应用编程。

2. 实验内容

本系统中已设计有 1 片 8259A 中断控制芯片，工作于主片方式，8 个中断请求输入端 IR0～IR7 对应的中断型号为 8～F，其中断矢量表见表 4-1。

表 4-1　　　　　　　　　　　　　　8259A 中 断 矢 量 表

8259 中断源	中断类型号	中断矢量表地址
IR0	8	20H～23H
IR1	9	24H～27H
IR2	A	28H～2BH
IR3	B	2CH～2FH
IR4	C	30H～33H

续表

8259 中断源	中断类型号	中断矢量表地址
IR5	D	34H~37H
IR6	E	38H~3BH
IR7	F	3CH~3FH

　　实验原理图如图 4-7 所示。8259A 和 8088 系统总线直接相连,8259A 上连有一系统地址线 A0,故 8259A 有 2 个端口地址,本系统中为 20H、21H。20H 用来写 ICW1,21H 用来写 ICW2、ICW3、ICW4,初始化命令字写好后,再写操作命令字。OCW2、OCW3 用口地址 20H,OCW1 用口地址 21H。图 4-7 中,使用了 3 号中断源,IRQ3 插孔和 SP 插孔相连,中断方式为边沿触发方式,每按一次 AN 按钮产生一次中断信号,向 8259A 发出中断请求信号。如果中断源电平信号不符合规定要求则自动转到 7 号中断,显示 Err。CPU 响应中断后,在中断服务中,对中断次数进行计数并显示,计满次数结束,显示器显示 "8259 good"。

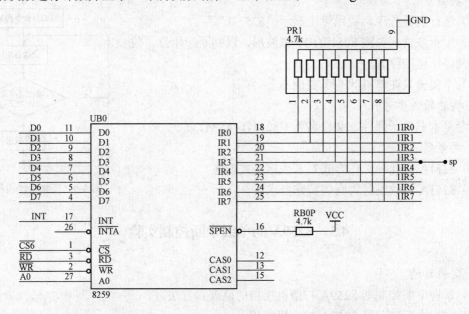

图 4-7　实验原理图

　　3. 实验软件框图

　　参考流程图如图 4-8 所示。

　　4. 实验步骤

　　(1)连好实验线路:8259A 的 IRQ3 插孔和脉冲发生器单元 SP 插孔相连。SP 插孔初始电平置为低电平。

　　(2)运行实验程序。

　　(3)按 AN 键,每按 2 次产生一次中断,在显示器左边一位显示中断次数,满 5 次中断,显示器显示 "8259 good"。

　　5. 实验软件参考程序

　　请参见本书电子课件,文件名为 H8259-1.ASM。

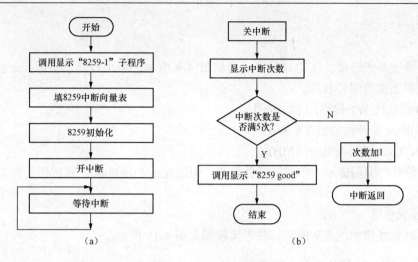

图 4-8　实验程序流程图

（a）主程序；（b）中断服务程序

6. 思考题

简述 8259A 的中断初始化过程。

4.6　采用 ADC0809 的 A/D 转换实验

1. 实验目的

加深理解逐次逼近法模数转换器的特征和工作原理，掌握 ADC0809 的接口方法以及 A/D 输入程序的设计和调试方法。

2. 实验内容

（1）实验原理。本实验采用 ADC0809 做 A/D 转换实验。ADC0809 是一种 8 路模拟输入、8 位数字输出的逐次逼近法 A/D 器件，转换时间约 100μs，转换精度为±1/512，适用于多路数据采集系统。ADC0809 片内有三态输出的数据锁存器，故可以与 8088 微机总线直接接口。

图 4-9 中 ADC0809 的 CLK 信号接 CLK=1MHz，基准电压 U_{ref}（+）接 U_{cc}。一般在实际应用系统中应该接精确+5V，以提高转换精度，ADC0809 片选信号 $\overline{CS}$、$\overline{WR}$ 和 $\overline{RD}$ 经逻辑组合后，去控制 ADC0809 的 ALE、START、ENABLE 信号。ADC0809 的转换结束信号 EOC 未接，如果以中断方式实现数据采集，需将 EOC 信号线接至中断控制器 8259A 的中断源输入通道。本实验以延时方式等待 A/D 转换结束，ADC0809 的通道号选择线 ADD-A、ADD-B、ADD-C 接系统数据线的低 3 位，因此 ADC0809 的 8 个通道值地址分别为 00H、01H、02H、03H、04H、05H、06H、07H。

启动本 A/D 转换只需如下 3 条命令：

```
MOV DX, ADPORT        ;ADPORT 为 ADC0809 端口地址。
MOV AL, DATA          ;DATA 为通道值。
OUT DX, AL            ;通道值送端口。
```

读取 A/D 转换结果用下面 2 条指令：

```
MOV DX, ADPORT
IN AL, DX
```

（2）实验线路的连接。实验原理接线图如图 4-9 所示。粗黑线是学生需要连接的线，粗黑线两端是需连接的信号名称。

1）IN0 插孔连 W1 的输出 U_{out} 插孔。

2）CS_0809 连译码输出 Y6 插孔。

3）CLK_0809 连脉冲输出 1MHz。

（3）实验软件编程提示。本实验软件要求：初始显示"0809-00"然后根据 A/D 采样值不断更新显示。

3．实验软件图

实验原理接线图如图 4-9 所示。参考流程图如图 4-10 所示。

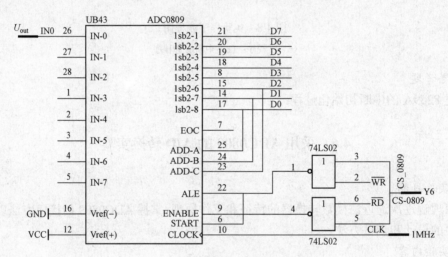

图 4-9　实验原理接线图

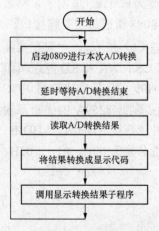

图 4-10　实验流程图

4．实验步骤

（1）正确连接好实验线路。

（2）理解实验原理。

（3）仔细阅读，弄懂实验程序。

（4）运行实验程序。

调节电位器 W1，以改变模拟电压值，显示器上会不断显示新的 A/D 转换结果。用 ADC0809 做 A/D 转换，其模拟量与数字量对应关系的典型值为+5V－FFH，2.5V－80H，0V－00H。

5．实验软件参考程序

请参见本书电子课件，文件名为 H0809.ASM。

6．思考题

简述 EOC 信号的作用，如果采用 EOC 信号来申请以中断方式读取 A/D 芯片的值，程序应该如何设计？

4.7 采用 D/A 转换器 DAC0832 产生方波实验

1．实验目的

熟悉 DAC0832 数模转换器的特性和接口方法，掌握 D/A 输出程序的设计和调试方法。

2．实验内容

（1）实验原理。实验原理接线图如图 4-11 所示，由于 DAC0832 有数据锁存器、片选、读、写控制信号线，故可与 8088CPU 总线直接接口。其中，只有一路模拟量输出，且为单极型电压输出。DAC0832 工作于单缓冲方式，它的 ILE 接+5V，CS-0832 作为 0832 芯片的片选 $\overline{CS}$。这样，对 DAC0832 执行一次写操作就把一个数据直接写入 DAC 寄存器、模拟量输出随之而变化。

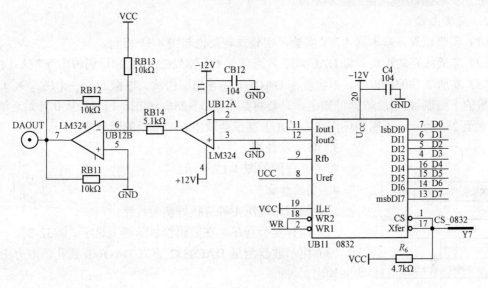

图 4-11　实验原理接线图

（2）实验线路的连接。将 0832 片选信号 CS-0832 插孔和译码输出 Y7 插孔相连。

（3）实验软件编程提示。本实验要求在 DAOUT 端输出方波信号，方波信号的周期由延时时间常数确定。根据 $U_{out}=-[U_{REF}\times$（输入数字量的十进制数）]/256，当数字量的十进制数为 256（FFH）时，由于 $U_{REF}=-5V$，$U_{out}=+5V$。当数字量的十进制数为 0（00H）时，由于 $U_{REF}=-5V$，$U_{out}=0V$。因此，只要将上述数字量写入 DAC0832 端口地址时，模拟电压就从 DAOUT 端输出。

3．实验软件图

参考流程图如图 4-12 所示。

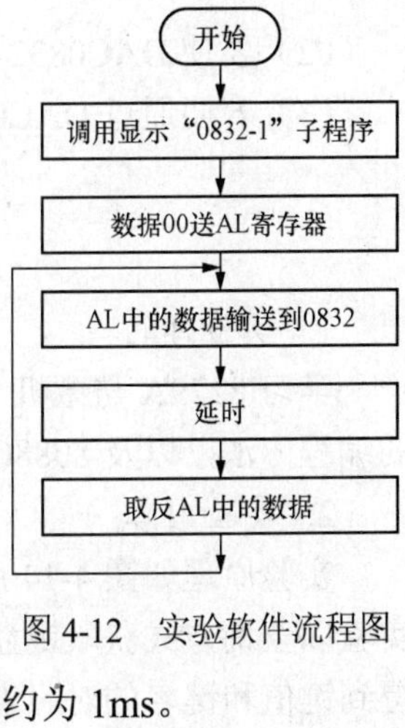

4．实验步骤

（1）正确理解实验原理。

（2）根据原理图正确连接好实验线路。

（3）运行实验程序。在数码管显示器上显示"0832-1"。用示波器测量 DAC0832 下方 DAOUT 插孔，应有方波输出，方波的周期约为 1ms。

图 4-12　实验软件流程图

5. 实验程序清单

请参见本书电子课件，文件名为 H0832-1.ASM。

6. 思考题

（1）试改变各信号频率，通过增减延时观察波形的变化。

（2）要使 DAC0832 为双缓冲，应如何接线？

（3）若要通过 DAC0832 产生梯形波，则应如何编程？

4.8 采用 D/A 转换器 DAC0832 产生锯齿波实验

1. 实验目的

进一步掌握数/模转换的基本原理。

2. 实验内容

（1）实验原理。基本同 4.7 节实验，实验原理图也与图 4-11 相同。

（2）实验线路的连接。将 DAC0832 片选信号 CS-0832CS 插孔和译码输出 Y7 插孔相连。

（3）实验软件编程提示。本实验在 DAOUT 端输出锯齿波。根据 $U_{out}=-\left[U_{RFE} \times\right.$（输入数字量的十进制数）$]$ /256 即可知道，只要将数字量 0～256（00H～FFH）从 0 开始逐渐加 1 递增直至 256 为止，不断循环，在 DAOUT 端就会输出连续不断的锯齿波。

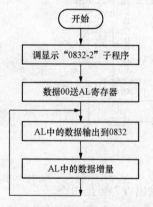

图 4-13　实验软件流程图

3. 实验软件图

参考流程图如图 4-13 所示。

4. 实验步骤

（1）根据原理图正确连接好实验线路。

（2）运行实验程序。在数码管显示器上显示"0832-2"。

（3）用示波器测量 DAC0832 下方 DAOUT 插孔，应有正向锯齿波输出。

5. 实验程序清单

请参见本书电子课件，文件名为 H0832-2.ASM。

6. 思考题

（1）试改变各信号频率，通过增减延时观察波形的变化。

（2）要使 DAC0832 为直通方式，应如何接线？

（3）若要通过 DAC0832 产生反向锯齿波、脉冲波、方波、正弦波，则应如何编程？

4.9 8279A 可编程键盘显示接口实验

1. 实验目的

学习 8279A 与微机 8088 系统的接口方法，了解 8279A 用在译码扫描和编码扫描方式时的编程方法，以及 8088CPU 用查询方式和中断方式对 8279A 进行控制的编程方法。

2. 实验内容

实验原理如图 4-14 所示，系统中 8279A 接口芯片及其相关电路完成键盘扫描和显示，本实验以查询方式获取键盘状态信息，读取键值。键值转换成显示代码供显示。根据原理图 4-14，得到键值和键名的对照表 4-2，显示值和显示代码对照表 4-3。

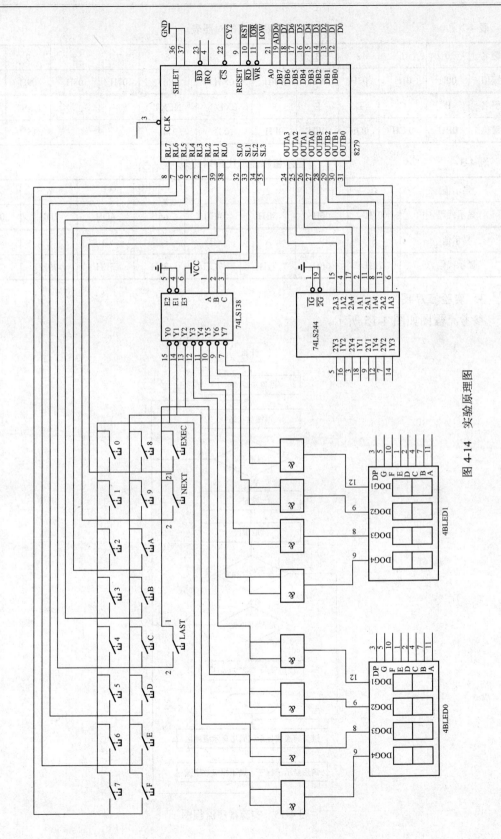

图 4-14 实验原理图

表 4-2　　　　　　　　　　　　　　键值和键名的对照表

键名	0	1	2	3	4	5	6	7	8	9	A
键值	00H	01H	02H	03H	04 H	05 H	06H	07H	08H	09H	0AH
键名	B	C	D	E	F	EXEC	NEXT			LAST	
键值	0BH	0 CH	0DH	0EH	0FH	10 H	11H			15H	

表 4-3　　　　　　　　　　　　　　显示值和显示代码对照表

显示值	0	1	2	3	4	5	6	7
显示代码	03H	06H	5BH	4FH	66H	6DH	7DH	07H
显示值	8	9	A	B	C	D	E	F
显示代码	7FH	6FH	77H	7CH	39H	5EH	79H	71H

3. 实验程序图

参考流程图如图 4-15 所示。

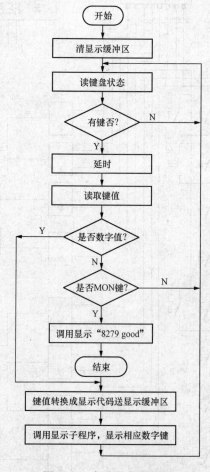

图 4-15　实验程序流程图

4. 实验步骤

（1）运行实验程序，在数码管上显示"8279-1"。

（2）在系统键盘上输入数字键，在系统显示器上显示相应数字，按 EXEC 键显示"8279 good"，按其他键则不予理睬。

5. 实验程序清单

请参见本书电子课件，文件名为 8279.ASM。

6. 思考题

简述键盘扫描的工作流程，简述七段数码管的工作原理。

4.10　小直流电动机调速实验

1. 实验目的

（1）掌握直流电动机的驱动原理。

（2）了解直流电动机调速的方法。

2. 实验内容

（1）用 DAC0832D/A 转换电路的输出，经放大后驱动直流电动机。

（2）编制程序，改变 DAC0832 输出经放大后的方波信号的占空比来控制电动机的转速。

3. 实验线路

实验原理接线图如图 4-16 所示。

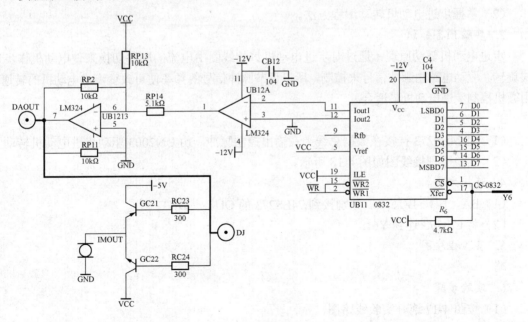

图 4-16　实验原理接线图

4. 连接方法

（1）DAC0832 的片选信号 CS-0832 连到译码输出 Y6。0832 的输出 DAOUT 端连到插孔 DJ。

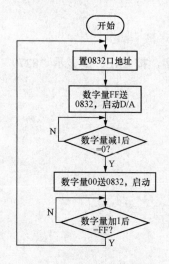

图 4-17 实验程序流程图

停 5s 以及其他变化。

（2）观察直流电动机的转速。

（3）本实验设备上有可以通过光电管测速，FOUT 有脉冲输出，通过测量脉冲频率可以测速。

5. 实验程序图

本实验参考流程图如图 4-17 所示。

6. 实验步骤

（1）确认连线的正确性。

（2）从起始地址开始连续运行程序。

（3）观察直流电动机的转速。

7. 实验程序清单

请参见本书电子课件，文件名为 HDMTO.ASM。

8. 思考题

修改程序，调整直流电动机的转速。实现正转，停 5s，反转，

4.11 步进电动机控制实验

1. 实验目的

（1）了解步进电动机控制的基本原理。

（2）掌握步进电动机转动编程方法。

2. 实验预备知识

步进电动机驱动原理：通过对步进电动机每相线圈中电流的顺序切换来使电动机作步进式旋转。驱动电路由脉冲信号来控制，所以调节脉冲信号的频率便可改变步进电动机的转速，用微机控制步进电动机最适合。

3. 实验内容

（1）用 74LS273 挂接在数据总线上，输出控制脉冲，由 UN2003 驱动步进电动机转动。

（2）实验原理接线图如图 4-18 所示。

4. 连接方法

（1）BA、BB、BC、BD 分别接到 74LS273 的 $OUT_0 \sim OUT_3$。

（2）将 CS-273 连到 Y6。

5. 实验程序图

略。

6. 实验步骤

（1）按图 4-17 连好实验线路图。

（2）运行实验程序。

（3）观察步进电动机的转动情况。

7. 实验程序清单

请参见本书电子课件，文件名为 HBJMTO.ASM。

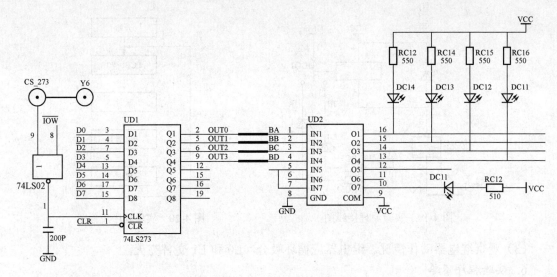

图 4-18　实验原理接线图

8．思考题

（1）修改程序，实现步进电动机正转，停 5s，反转，停 5s，循环执行。

（2）添加 8255 芯片，运用 8255A 口，实现开关控制电动机运转与停止。

4.12　继电器控制实验

1．实验目的

掌握用继电器控制的基本方法和编程。

2．实验内容

（1）利用 8255A PB0 输出高低电平，控制继电器的开合，以实现对外部装置的控制。

（2）实验原理接线图如图 4-19 所示。

（3）实验预备知识：现代自动化控制设备中都存在一个电子与电气电路的相互联结问题，一方面要使电子电路的控制信号能够控制电气电路的执行元件（电动机、电磁铁、电灯等）；另一方面又要为电子电路的电气提供良好的电隔离，以保护电子电路和操作人员的人身安全，电子继电器便能完成这一桥梁作用。

3．连线方法

（1）8255A 的 PB0 连 JIN 插孔。

（2）将 CS-8255 连到 Y6。

（3）JZ 接 GND，JB 接 L0，JK 接 L1。

4．实验程序图

实验参考流程图如图 4-20 所示。

5．实验步骤

（1）按图 4-19 连好实验线路图。

（2）运行实验程序。

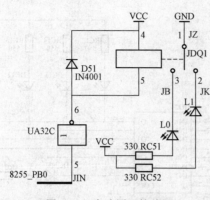

图 4-19　实验原理接线图

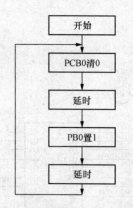

图 4-20　实验程序流程图

（3）观察继电器动作情况。继电器应循环吸合，L0 和 L1 交替亮灭。

6. 实验程序清单

请参见本书电子课件，文件名为 HJDQ.ASM。

7. 思考题

（1）修改程序，修改继电器吸合的频率。

（2）修改程序，添加运用 8255A 口，使用开关启动停止继电器（相当于另外添加一个启动、停止开关，继电器的工作过程仍然用程序控制）。

4.13　8237A 可编程 DMA 控制器实验

1. 实验目的

（1）掌握 8237A 可编程 DMA 控制器和微机的接口方法。

（2）学习使用 8237A 可编程控制器，实现数据直接快速传送的编程方法。

2. 实验内容

实验原理图如图 4-21 所示，本实验学习使用 8237A 可编程 DMA 控制器进行 RAM 到 RAM 的数据传送方法。

实验中规定通道 0 为源地址，通道 1 为目的地址，通过设置 0 通道的请求寄存器产生软件请求，8237A 响应这个软件请求后发出总线请求信号 HRQ，图 4-21 中 8237HRQ 直接连到 8237A 的 HLDA 上，相当于 HRQ 作为 8237A 的总线响应信号，进入 DMA 操作周期。

在 8237A 进行 DMA 传送时，当字节计数器减为 0 时，8237A 的 $\overline{EOP}$ 引脚输出一个负脉冲，表示传送结束。$\overline{EOP}$ 可以作为系统的外部中断信号，通过 8259A 控制器使 CPU 判断 DMA 传递是否结束。本实验中未用 $\overline{EOP}$ 信号。

图 4-21 中 RAM 6264 的地址为 8000～9FFF，实验要求将 RAM 6264 中地址为 8000～83FFH 的 1KB 数据传送到地址为 9000H～93FFH 的区域中。为了验证传送的正确性，可在源地址（8000H～83FFH）区首末几个单元填充标志字节，传送完再检查目的地址区相应单元的标志字节是否与填入的一样。

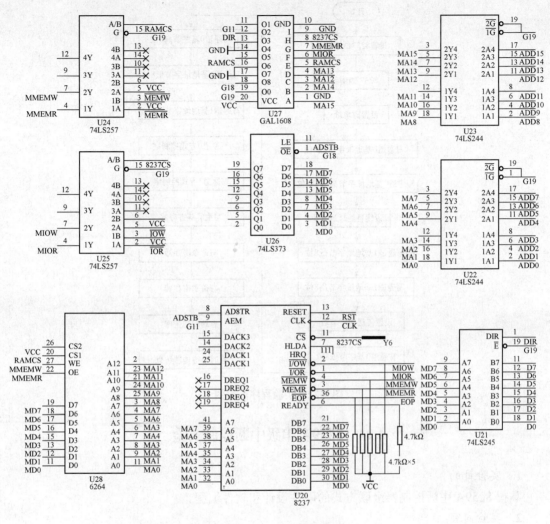

图 4-21　实验原理图

3．实验程序图

参考流程图如图 4-22 所示。

4．实验步骤

（1）将 DMA 上的 8237CS 信号插孔和译码输出插孔 Y6 相连。

（2）运行实验程序。在数码管上显示"8237-1"。待数据传送结束，显示器显示"8237 good"。

5．实验程序清单

请参见本书电子课件，文件名为 H8237.ASM。

6．思考题

（1）简述 DMA 和 8259A 中断的区别。

（2）DMA 控制器能否完成 I/O 接口间传输？若能，该如何做？

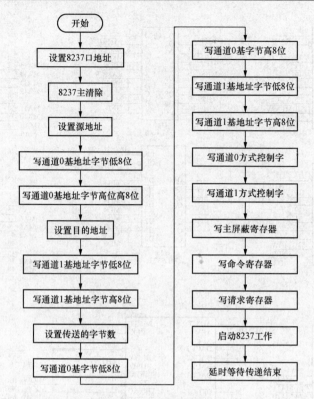

图 4-22   实验程序流程图

4.14   8259A 串级中断控制实验

1. 实验目的

掌握 8259A 中断控制器级联方式的硬件设计和软件编程。

2. 实验内容

用 2 片 8259A 组成串级中断实验系统，可将外中断源扩展 8×2－1＝15 个，本实验从片 1IR0 上接正单脉冲 SP。从片的中断请求 1INTR 接在主片的 IRQ3 上，主片的中断请求 INT1 接在 8088 的 INTR 上，两片 8259 的级联线 CAS0～CAS2 对应相连。15 个中断源的优先权安排：主片 IR0＞主片 IR1＞主片 IR2＞从片 IR0～IR7＞主片 IR3～IR7。

3. 实验说明

（1）中断控制器 8259A 是专为控制优先级中断而设计开发的芯片，它将中断源优先级排队，辨别中断源以及提供中断矢量的电路集于一片。因此，无需附加任何电路，只需对 8259A 进行编程，就可以管理 8 级中断，并选择优先模式和中断请求方式，即中断结构可以由用户编程来设定。同时在不需要增加其他电路的情况下，通过多片 8259A 的级联，能构成多达 64 级的矢量工作系统。

（2）图 4-23 中主从 2 片 8259A 的外中断输入信号 IRQ0、IRQ1、IRQ3～IRQ7 和 1IR0～1IR7 都是直接连到 8259 的对应 IR0～IR7 上，若 8259A 设置成高电平触发，则 IRQ0～IRQ7、1IR0～1IR7 为高电平有效；若 8259A 设置成上升沿触发，则 IRQ0～IRQ7、1IR0～1IR7 为上升沿有效。

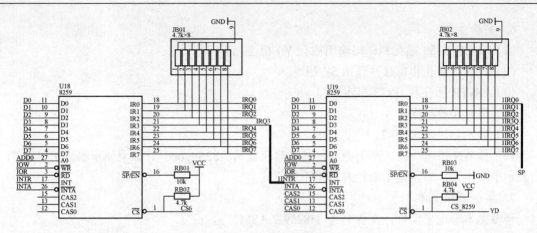

图 4-23　实验原理图

（3）8259A 是和 8088/8086CPU 配套的芯片，当 CPU 响应中断后这些 CPU 的中断响应信号 $\overline{INT}$ 会自动发 3 个负脉冲，使 8259 的中断请求寄存器复位，并将 CALL 指令码及中断向量从 8259A 中取走。本实验中串级中断实验模块有 2 片 8259A 芯片 U18 和 U19，U18 工作在主片方式，U19 工作在从片方式，中断矢量的地址和中断号之间的关系见表 4-4。

4．实验原理图

实验原理图如图 4-23 所示。

表 4-4　　　　　　　　　　中断矢量地址与中断类型号关系表

中断源序号	0	1	2	3	4	5	6	7
中断类型号	08H	09H	0AH	0BH	0CH	0DH	0EH	0FH
矢量地址	20H~23H	24H~27H	28H~2BH	2CH~2FH	30H~33H	34H~37H	38H~3BH	3CH~3FH

5．实验程序图

本实验程序流程图如图 4-24 所示。

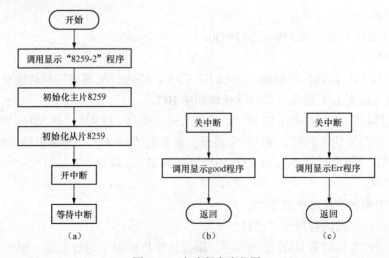

图 4-24　实验程序流程图

（a）主程序；（b）3 号中断服务程序；（c）7 号中断服务程序

6. 实验步骤

（1）将 CS_8259 插孔和译码输出插孔 Y0 相连。

（2）1IRQ0 插孔和单脉冲输出 SP 相连。

（3）1INTR 插孔和 IRQ3 相连。

（4）运行实验程序。

（5）显示器显示 8259-2。

（6）按 AN 按钮一次，产生中断，显示器应显示"8259good"。如果显示器显示"Err"，则表示中断出错，原因是中断触发电平不到位。

7. 实验程序清单

请参见本书电子课件，文件名为 H8259-2.ASM。

8. 思考题

（1）简述串级中断与单个中断的区别。

（2）简述串级中断的初始化编程。

4.15 USB 接口 CH375 应用实验

1. 实验目的

（1）了解 USB 通信的基本原理。

（2）掌握 USB 接口芯片 CH375 的工作原理和编程方法。

2. 预备知识

CH375 是一个 USB 总线的通用设备接口芯片，在本地端，CH372 具有 8 位数据总线和读、写、片选控制线以及中断输出，可以方便地挂接到单片机、DSP、MCU 等控制器的系统总线上；在 USB 主机方式下，CH375 还提供了串行通信方式，通过串行输入、串行输出和中断输出与单片机、MCU、MPU 等连接。更详细的内容参看电子课件里的相关文档目录中的 CH573.PDF。

3. 实验连线

（1）CH375INT 连接中断控制区的 IRQ0。

（2）CH375CS 连 Y0。

（3）将 8279 接口模块上的插座 DU（a-h）用 8 芯线连接至数码管模块插座 DU（a-h），8279 接口模块上插座 BIT 连接至数码管模块插座 BIT。

（4）8279 接口模块上的插孔 8279ClK 连至上面主板的 CLOCK（对 58B 机型该线不连）。

（5）8279 接口模块上的插孔 8279CS 连至上面主板的 CS5（对 58B 机型该线不连）。

（6）用 USB 连接线连接电脑与 USB 通信区域的 JUSB 插座。

4. 实验步骤

（1）按照实验连线接好所有的线。

（2）运行程序，数码管显示"CH375-1"。

（3）首次运行时需安装 USB 驱动程序，根据计算机的提示进行安装，驱动程序在 USB、CH372DRV 目录下。

（4）打开提供的上位机软件 DEMO.EXE（在目录 USB/CH372DEMO 中）。

（5）单击上面的小框输入"0～F"十六进制的数，在实验设备相应的数码管上显示对应的值，输入空格则该位不亮。

5．实验软件参考程序

请参见本书电子课件，文件名为 CH375.ASM。

4.16　采用 8253 和 8259 实现电子表实验

1．实验目的

（1）学习 8253 编程定时/计数器的工作方式。

（2）掌握中断控制器 8259A 与微处理机接口的原理和方法。

（3）掌握中断控制器 8259A 的应用编程。

2．实验原理

利用 8253 的定时器功能。8253 的 4 个端口地址为 48H、49H、4AH、4BH，本实验采用 8253 的通道 0，工作在方式 3（方波发生器方式）输入 CLK0 为 1MHz。先给 8253 的初始值 0C350H 循环记数。即一次记数完后，自动装入初始值。输出 OUT0 作为 8259 的输入脉冲。8259 有两个口地址，本实验为 20H 和 21H，其中 20H 用来写 ICW1，21H 用来写 ICW2、ICW4，本实验中 8259 为单片，边沿触发，采用 3 号中断源，即 IRQ3 和 8253 输出口 OUT0 相连，每过 1/20s 接收到一个中断，向 8259 发出中断请求信号，如果电平信号不符合要求，则自动转到 7 号中断，显示"ERR"，CPU 响应后，在中断处理程序中，对中断次数进行记数，记满 20 次，把时间缓冲区中的时间加 1，并将其输入到显示缓冲区，以便显示器显示更新后的时间。计数初值的计算：

$1/1\,000\,000 * X = 1/20$，$X = 50\,000D = 0C350H$（用 1MHz 信号产生 1/20 s 方波）。

3．实验线路连接

（1）8253A 芯片的 CLK0 引出插孔连分频输出插孔 T1（1MHz）。

（2）8259A 的 IRQ3 插孔和 8253A 的 OUT0 插孔相连。

4．实验步骤

（1）连接好实验线路。

（2）运行程序，实验仪显示器上显示一个电子钟。

5．实验软件参考程序

请参见本书电子课件，文件名为 ECLOCK.ASM。

6．思考题

（1）列出时、分、秒所需的 8253 计数的初值。

（2）简述该设计时钟的误差来源。

4.17　采用 D/A、A/D 实现闭环测试实验

1．实验目的

（1）加深理解逐次逼近法模数转换器的特征和工作原理，掌握 ADC0809 的接口方法以

及 A/D 输入程序的设计和调试方法。

（2）熟悉 DAC0832 数/模转换器的特性和接口方法，掌握 D/A 输出程序的设计和调试方法。

2. 实验原理与编程提示

（1）实验原理。本实验采用 DAC0832 和 ADC0809 做 D/A 转换和 A/D 转换闭环测试实验，即将 D/A 转换器输出的模拟量作为 A/D 转换器的模拟量输入，并比较 D/A 设定的数字量与 A/D 读出的数字量，从而得出实验结论。由于 DAC0832 有数据锁存器、选片、读/写控制信号线，故可与 8088CPU 总线直接接口。其中只有一路模拟量输出，且为单极型电压输出。DAC0832 工作于单缓冲方式，它的 ILE 接+5V，$\overline{CS}$ 和 $\overline{XFER}$ 相接后作为 0832 芯片的片选 0832CS。这样，对 DAC0832 执行一次写操作就把一个数据直接写入 DAC 寄存器、模拟量输出随之而变化。

只需如下两条命令进行 D/A 转换：

```
MOV AL, DATA0        ;DATA0 为设定的待转换的数字量。
OUT DAPORT, AL       ;DAPORT 为 DAC0832 的端口地址，数字量送端口。
```

ADC0809 是一种 8 路模拟输入、8 位数字输出的逐次逼近法 A/D 器件，转换时间约 100μs，转换精度为±1/512，适用于多路数据采集系统。ADC0809 片内有三态输出的数据锁存器，故可以与 8088 微机总线直接接口。ADC0809 的 CLK 信号接 1MHz，基准电压 U_{ref}+接 U_{cc}。一般在实际应用系统中应该接精确+5V，以提高转换精度，ADC0809 片选信号 0809CS 和 $\overline{IOR}$、$\overline{IOW}$ 经逻辑组合后，控制 ADC0809 的 ALE、START、ENABLE 信号。ADC0809 的转换结束信号 EOC 未接，如果以中断方式实现数据采集，则需将 EOC 信号线接至中断控制器 8259A 的中断源输入通道。本实验以延时方式等待 A/D 转换结束，ADC0809 的通道号选择线 ADD-A、ADD-B、ADD-C 接系统地址线的低 3 位，因此 ADC0809 的 8 个通道值地址分别为 00H、01H、02H、03H、04H、05H、06H、07H。

只需如下两条命令启动 A/D 转换：

```
MOV AL, DATA0        ;DATA 为通道值。
OUT  ADPORT, AL      ;ADPORT 为 ADC0809 端口地址，通道值送端口。
```

再用下面指令读取 A/D 转换结果：

```
IN  AL,ADPORT
```

（2）实验软件编程提示。0832 芯片输出产生锯齿波，只须由 AL 中存放数据的增减来控制。当 AL 中数据从 0 逐渐增加到 FF 产生溢出，再从 00 增大到 FF，不断循环，从而产生连续不断的锯齿波。与此相对应 ADC0809 不断地将 0832 所输出的模拟量进行 A/D 转换，转换结果会不断地在显示器上显示，模拟量与数字量对应关系的典型值：+5V－FFH, 2.5V－80H, 0V－00H。为了便于比较，本实验中显示器的最高位显示"d"，而后显示设定的 D/A 数字量的十进制值（3 位），而后显示"–"，最后显示 A/D 转换结果的十进制值（3 位）。

3. 实验线路连接

（1）A/D 转换器 ADC0809 的片选信号 CS_0809 连接译码输出 Y6。CLK_0809 连 T1（1MHz）。

（2）A/D 转换器 0809 的通道 0 输入信号 IN0 连接 D/A 转换器 DAC0832 的输出信号

DAOUT。

（3）Y7 连接 D/A 转换器 DAC0832 的片选信号 CS_0832。

4. 实验步骤

（1）正确理解实验原理。

（2）连接好实验线路。

（3）运行实验程序，观察运行结果。

5. 实验软件参考程序

请参见本书电子课件，文件名为 DAAD.ASM。

6. 思考题

记录 10 组数据并分析误差，说明误差的来源。

4.18   采用 0832 和 8255 实现对直流电动机的调速控制实验

1. 实验目的

（1）掌握直流电动机的驱动原理。

（2）了解直流电动机调速的方法。

2. 实验内容

（1）用 DAC0832D/A 转换电路的输出，经放大后驱动直流电动机。

（2）编制程序，通过读入 8255C 口的值，并以此值来改变 DAC0832 的输出来控制电动机的转速，并将此值显示在数码管上用以表示电动机的速度。

3. 实验线路连接

（1）DAC0832 的片选信号 CS_0832 连到译码输出 Y6。

（2）将 0832 输出经放大后的模拟电压输出端 DAOUT 连到电动机模块 MC 插座（对 58B 机型连到 DJ 插孔），电动机模块上 M0 和 M1 分别连接两个开关或接+5V 和 GND，以控制电动机的正/反转。

（3）8255A 的 8255CS 接译码输出 Y7。

（4）8255 芯片 PC0～PC7 插孔依次接 K1～K8。

4. 实验步骤

（1）连好实验线路。

（2）运行实验程序，观察实验结果。

5. 实验软件参考程序

见随机软件，文件名为 MOTOR.ASM。

6. 思考题

用万用表测量几组 D/A 输出值，并测量相应的电动机转速，分析误差。测量结果与第 4.10 节小直流电动机调速实验作比较，分析误差的变化。

4.19　中断次数计数器实验

1. 实验目的

（1）掌握 8259 中断控制器的接口方法。

（2）掌握 8259 中断控制器的应用编程。

2. 实验内容

本系统中已设计有一片 8259A 中断控制芯片，工作于主片方式，8 个中断请求输入端 IR0～IR7 对应的中断号为 8～F。根据图 4-7 所示的实验原理图，8259A 和 8088 系统总线直接相连，8259A 上连有一系统地址线 A0，故 8259A 有 2 个端口地址，本系统为 20H、21H。20H 用来写 ICW1，21H 用来写 ICW2、ICW3、ICW4，初始化命令字写好后，再写操作命令字。OCW2、OCW3 用口地址 20H，OCW1 用口地址 21H。图 4-7 中，使用了 3 号中断源，IRQ3 插孔和 SP 插孔相连，中断方式为边沿触发方式，每按一次 AN 按钮产生一次中断信号，向 8259A 发出中断请求信号。如果中断源电平信号不符合规定，则自动转到 7 号中断，显示 "ERR"。CPU 响应中断后，在中断服务程序中，对中断次数进行计数并显示，计数值按 8 位十进制循环显示。

3. 实验线路连接

（1）手工操作：单级中断区 8259A 的 IRQ3 插孔和 SP 插孔相连。SP 插孔初始电平为低电平。

（2）自动操作：单级中断区 8259A 的 IRQ3 插孔和 T6（100Hz）插孔相连。

4. 实验步骤

（1）连好实验线路。

（2）运行实验程序，在显示器上显示 "8259-1"。

（3）按 AN 键，每按两次产生一次中断，在显示器左边一位显示中断次数，计数值在十进制内循环显示。

5. 实验软件参考程序

请参见本书电子课件，文件名为 COUNTET.ASM。

4.20　16C550 串行口控制器实验

1. 实验目的

（1）掌握 16C550 的工作方式及应用。

（2）学习计算机串口的操作方法。

（3）掌握使用 16C550 实现双机通信的软件编制和硬件连接技术。

2. 实验内容

（1）进行通信基础实验。编写程序，向串口连续发送一个数据（55H）。

（2）将串口输出连接到示波器上，用示波器观察数据输出产生波形，分析串行数据格式。

3. 实验原理

16C550 是一种连接任何类型虚拟串行接口的可编程通信接口，与 INTEL 微处理器完全兼容，使用非常广泛的异步接收器和发送器（UART）。它内置了 16B 的 FIFO 缓冲，最大通行速率可达到 115Kb/s，是现代基于微处理器设备包括计算机和许多调制解调器的最普通的通信接口。更详细的内容参看电子课件里的相关文档目录中的 16C550.PDF。

对 16C550 进行编程，不断向发送寄存器写数，用示波器观察 TXD 信号脉冲变化，仔细分析波形，理解波形原理。串行传输的数据格式可设定如下：传输波特率为 9600b/s，每字节有一个逻辑"0"的起始位，8 位数据位，1 位逻辑"1"的停止位，如图 4-25 所示。实验原理图如图 4-26 所示。按流程图 4-27 编写程序，连续向发送寄存器写 55H。

图 4-25 串行传输的数据格式

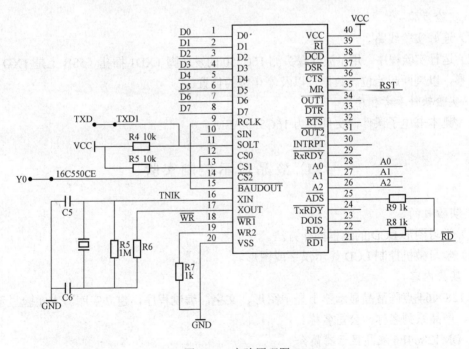

图 4-26 实验原理图

4. 实验线路的连接

（1）16C550 串行通信区 TXD1（58B 上是 TXD）连示波器测量端。

（2）16C550CS 连主板上的 Y0。

5. 实验程序流程图

参考流程图如图 4-27 所示。

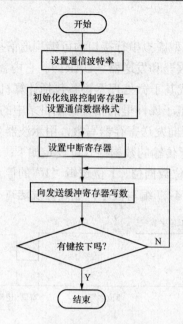

图 4-27   程序流程图

6. 实验步骤

（1）连好实验线路。

（2）运行实验程序，用示波器探头测 16C550 的发送脚 TXD1 插孔（58B 上是 TXD 插孔）上的波形，以判断起始位、数据位以及停止位的位置。

7. 实验软件参考程序

请参见本书电子课件，文件名为 16C550.ASM。

4.21   液晶显示控制实验

1. 实验目的

（1）学习图形 LCD 的编程操作方法。

（2）学习微机控制 LCD 显示汉字或图形。

2. 实验内容

在 128×64 点阵液晶显示器上显示图形、文字，编制程序，建立字库。本实验显示本公司商标、产品系列名称、公司名称。

3. DM12864F6 液晶显示器简介

DM12864F6 是一种图形点阵液晶显示模组。它用 T6963C 作为控制器，T6A40、T6A39 作为驱动的 128（列）×64（行）的全点阵液晶显示。具有与 Inter8080 时序相适配的 MPU 接口功能，并有专门的指令集，可完成文本显示和图形显示的功能设置。其特性如下：①工作电压为+5V（1±10%）；②显示形状 128×64 点，可显示 8（/行）×4 共 32 个（16×16 点阵）的中文字符；③内部有固定字模库共 128 种（8×8）字符和 2KB 的自定义字模容量；④共有 13 条操作指令。DM12864F6 的引脚定义、指令格式分别见表 4-5、表 4-6。

表 4-5　　　　　　　　　　DM12864F6 引 脚 定 义

序号	信号名称及简要描述	序号	信号名称及简要描述
1	FG：结构地	11	D1：数据总线
2	GND：逻辑电源负	12	D2：数据总线
3	VCC：逻辑电源正	13	D3：数据总线
4	VO：LCD 对比度控制	14	D4：数据总线
5	$\overline{\text{WR}}$：写信号，低有效	15	D5：数据总线
6	$\overline{\text{RD}}$：读信号，低有效	16	D6：数据总线
7	$\overline{\text{LE}}$：LCD 片选，低有效	17	D7：数据总线，MSB
8	C/$\overline{\text{D}}$：地址总线，选择寄存器	18	FS：液晶显示字体选择 （H：6×8, L：8×8）
9	RES：复位信号，低有效	19	BLA：背光正（VCC）
10	D0：数据总线，LSB	20	BLK：背光负（0V）

表 4-6　　　　　　　　　　DM12864F6 指 令 格 式 表

指令名称	控制状态			指 令 代 码								参数
	CD	RD	RW	D7	D6	D5	D4	D3	D2	D1	D0	
读状态字	1	0	1	S7	S6	S5	S4	S3	S2	S1	S0	无
地址指针设置	1	1	0	0	0	1	0	0	N2	N1	N0	2
显示区域设置	1	1	0	0	1	0	0	0	0	N1	N0	2
显示方式设置	1	1	0	1	0	0	0	CG	N2	N1	N0	无
显示状态设置	1	1	0	1	0	0	1	N3	N2	N1	N0	无
光标形状设置	1	1	0	1	0	1	0	0	N2	N1	N0	无
数据自动读/写设置	1	1	0	1	0	1	1	0	0	N1	N0	无
数据一次读/写设置	1	1	0	1	1	0	0	0	N2	N1	N0	1
屏读（1 字节）设置	1	1	0	1	1	1	0	0	0	0	0	无
屏复制（1 行）设置	1	1	0	1	1	1	0	1	0	0	0	无
位操作	1	1	0	1	1	1	1	N3	N2	N1	N0	无
数据写操作	0	1	0	数据								无
数据读操作	0	1	1	数据								无

4．实验原理

本实验中 LCD 显示控制直接由系统总线实现，其原理图如图 4-28 所示。

5．实验线路的连接

LCD 液晶显示区的 LCDCS 连主板上的 Y0。

6．实验程序流程图

参考流程图如图 4-29 所示。

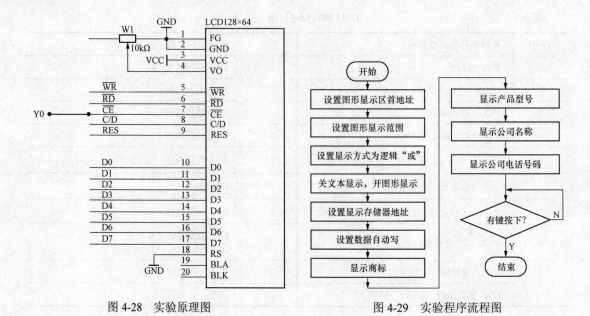

图 4-28　实验原理图　　　　　　图 4-29　实验程序流程图

7. 实验步骤

（1）连好实验线路。

（2）运行实验程序，在显示器显示公司商标、产品型号、公司名称和公司电话。

8. 实验软件参考程序

请参见本书电子课件，文件名为 LCD.ASM。

4.22　点阵 LED 显示实验

1. 实验目的

（1）学习点阵 LED 的基本结构。

（2）学习点阵 LED 的扫描显示方法。

（3）利用 LED 点阵显示器显示图形。

2. 实验内容

（1）使用 I/O 接口芯片 8255 的 A 口[0：7]和 C 口[0：7]分别控制 LED 点阵的行 H[0：7]和列 L[0：7]。编制程序，使点阵 LED 的每一行和每一列依次循环显示。

（2）编制程序，建立字库，在 16×16 点阵 LED 上显示。

3. 实验原理

点阵 LED 显示器是将许多 LED 类似矩阵排列在一起组成的显示器件，当微机输出的控制信号使得点阵中有些 LED 发光，有些不发光，即可显示出特定的信息，包括汉字、图形等。车站广场由微机控制的点阵 LED 大屏幕广告宣传牌随处可见。

8×8 点阵 LED 相当于 8×8 个发光二极管组成的阵列，对于共阳极 LED 来说，其中每一行共用一个阳极（列控制），每一列共用一个阴极（行控制），行控制和列控制满足正确的电平就可以使相应的发光管点亮。点阵模块上的点阵 LED 的引脚及相应的行、列控制位如图 4-30 所示。

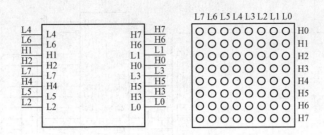

图 4-30 点阵 LED 引脚图

模块上设有 4 个共阳极 8×8 点阵的 LED 显示器，该点阵对外引出 32 条线，其中 16 条行线，16 条列线。若使某一个 LED 发光，只要将与其相连的行线加低电平，列线加低电平即可。

实验内容 1 的电路原理图如图 4-31 所示，8 位行代码用 8255 的 A 口[[0：7]控制。行代码输出的数据通过行驱动器 74LS245 加至点阵的 8 条行线上，8 位列代码用 8255 的 C 口[[0：7]控制。列代码输出的数据通过列驱动器 74LS245 加至点阵的 8 条列线上。

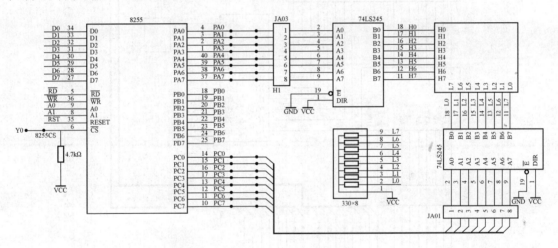

图 4-31 点阵 LED 显示实验原理图（一）

实验内容 2 的电路原理图如图 4-32 所示，16 位行代码用 8255 的 A 口[[0：7]和 8 位锁存器 74LS273 控制。行代码输出的数据通过行驱动器 74LS245 加至点阵的 16 条行线上，16 位列代码用 8255 的 C 口[[0：7]和 B 口[[0：7]控制。列代码输出的数据通过列驱动器 74LS245 加至点阵的 16 条列线上。

按图接好实验电路，编写程序进行实验。

4. 编程提示

对于实验内容 2，因为要显示汉字，必须先建立字库，这里简要介绍两种方法。

（1）自建字库。可以根据 16×16 LED 点阵排列自己建立的字库，每个汉字要 32 个 8 位字节代码，可以是列代码，也可以是行代码，以每行上的点确定的代码称为列代码，以每列上的点确定的代码称为行代码。要显示以列代码组成的汉字，先送出行控制线，再送出列代码，逐行逐列送出，直到 16 行 16 列全部送出，一个汉字就可以完整地显示出来。

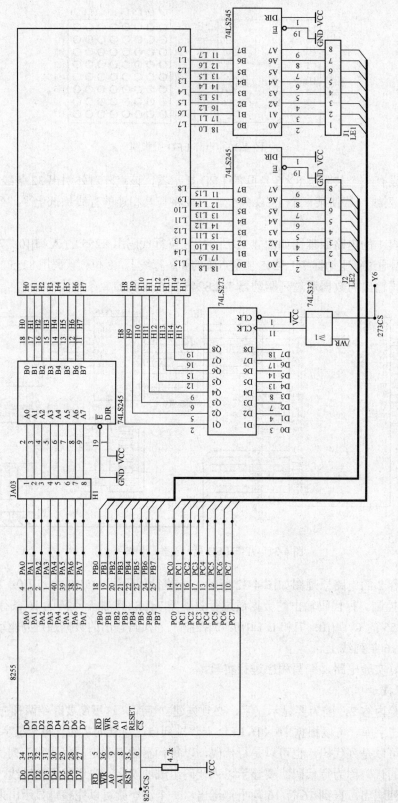

图 4-32　点阵 LED 显示实验原理图（二）

（2）专用字模提取软件。运行字模提取软件 ZI_MO.EXE，在光标跳动处输入汉字,然后按 Ctrl+Enter 组合键结束汉字输入，在软件窗口顶部菜单里可以选择汉字显示方式：横、竖、倒，然后单击"倒"右边的文字框，生成 ASM51 格式的点阵数据，将生成的数据复制到程序里。根据得到的数据可以确定行列代码，从而可进行编程。

5．参考流程图

实验内容 1、实验内容 2 的流程图如图 4-33、图 4-34 所示。

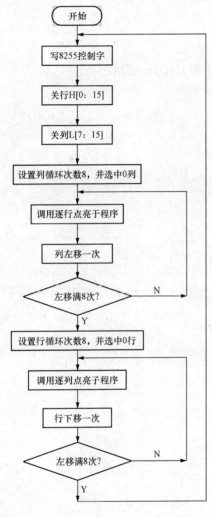

图 4-33　实验内容 1 的流程图

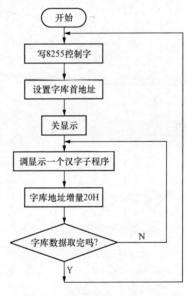

图 4-34　实验内容 2 的流程图

6．实验步骤

（1）实验内容 1。

1）8255 并行接口控制区的 8255CS 连主板上 Y0。

2）8255 并行接口控制区的 PA0～PA7 连 16×16 点阵显示区 H0～H7。

3）8255 并行接口控制区的 PC0～PC7 连 16×16 点阵显示区 L0～L7。

4）8255 并行接口控制区的 PB0～PB7 连 16×16 点阵显示区 L8～L15。

5）运行实验程序，8×8 点阵 LED 的每一行和每一列，依次循环点亮。

（2）实验内容 2。

1）8255 并行接口控制区的 8255CS 连 Y0。

2）8255 并行接口控制区的 PA0~PA7 连 16×16 点阵显示区 H0~H7；I/O 简单扩展区 PO0~PO7 连到 16×16 点阵显示区 H8~H15。

3）8255 并行接口控制区的 PC0~PC7 连 16×16 点阵显示区 L0~L7；PB0~PB7 连 L8~L15。

4）I/O 简单扩展区 273CS 连主板上 Y6。

5）运行实验程序，在 16×16 点阵 LED 上显示。

7. 实验软件参考程序

请参见本书电子课件，文件名分别为 LED8.ASM 和 LED16.ASM。

第三部分　微机及接口电路的硬件仿真实验部分

第 5 章　Proteus 仿真软件系统平台

Proteus 是英国 Labcenter 公司开发的电路分析、实物仿真及印制电路板设计软件，它运行于 Windows 操作系统上，可以仿真、分析各种模拟电路与集成电路。Proteus 提供了大量模拟与数字元器件、外部设备和各种虚拟仪器，特别是它具有对常用控制芯片及其外围电路组成的综合系统的交互仿真功能。Proteus 主要由 ISIS 和 ARES 两部分组成，ISIS 的主要功能是原理图设计及基于电路图的交互仿真，ARES 主要用于印制电路板的设计。

本章主要介绍如何利用 Proteus ISIS 输入原理图和利用外部编译器（本教程以 MU8086 软件为例）编译 8086 汇编程序，以此实现基于 8086 微处理器的 VSM 仿真。

5.1　Proteus 基本使用方法

传统的计算机硬件系统开发除了需要购置诸如仿真器、编程器、示波器等价格不菲的电子设备外，开发过程也较烦琐。传统的计算机硬件系统开发如图 5-1 所示，用户程序需要在硬件完成的情况下才能进行软、硬件联合调试，如果在调试过程中发现硬件错误须修改硬件，则要重新设计硬件目标板的 PCB（Printed Circuit Board，印制电路板）并焊接元器件。因此无论从硬件成本还是从开发周期来看，其风险高、效率低、周期长的弊端显而易见。

来自英国 Labcenter Electronics 公司的 Proteus 软件很好地诠释了利用现代 EDA（Electronic Design Automation）工具方便、快捷地开发计算机硬件系统的优势。英国 Labcenter Electronics 公司推出的 Proteus，可以对微控制器的设计以及周围所有的电子器件一起仿真，用户甚至可以实时采用如 LED、LCD、键盘、RS-232 终端等动态外设模型来对设计进行交互仿真。Proteus 套件目前在计算机硬件的教学过程中已越来越受到重视，并被提议应用于计算机硬件数字实验室的构建之中。Proteus 能够支持的微处理芯片（Microprocessors）包括 8086 系列、8051 系列、AVR 系列、PIC 系列、HC11 系到、ARM7/LPC2000 系列等，并且其能支持的微处理器芯片还在不断增加中。Proteus 集编辑、编译、仿真调试于一体。它的界面简洁、友好，可利用该软件提供的数千种数字、模拟仿真元器件以及丰富的仿真设备，使得开发人员在程序调试、系统仿真时不仅能观察到程序执行过程中计算机硬件寄存器和存储器等数据的变化，还可从工程的角度直观地看到外围电路的工作情况，非常接近于实际的工程应用，为开发人员提供很大的便利。

图 5-2 为基于 Proteus ISIS 仿真软件的计算机硬件系统设计流程，它极大地简化了设计工作，并有效地降低了成本和风险，得到众多计算机硬件工程师的青睐。

在个人计算机上安装了 Proteus 软件后，开发人员在此平台之上即可完成计算机硬件系统原理图电路绘制、PCB 设计，更加便利的是可以与 8086 汇编语言编程工具如 MASM32、EMU8086 等工具软件结合进行编程仿真调试。本章以 Proteus Professional 7.8 SP2 版本为背景，介绍 Proteus ISIS 在计算机硬件系统设计中的应用。

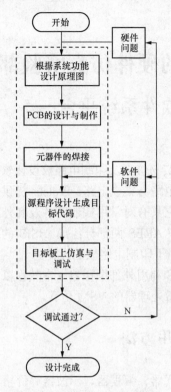

图 5-1   传统设计开发流程图

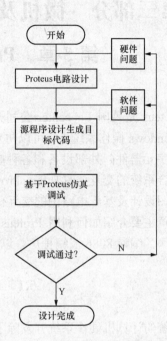

图 5-2   基于 Proteus ISIS 设计开发流程图

Proteus 7.8 Professional 软件主要包括 ISIS 7.8 Professional 和 ARES 7.8 Professional，其中 ISIS 7.8 Professional 用于绘制原理图并可进行电路仿真（SPICE 仿真），而 ARES 7.8 Professional 用于印制电路板设计。本书仅就 ISIS 7.8 Professional 原理图设计与程序仿真部分做了详尽地介绍。

5.1.1 进入 Proteus ISIS 软件

安装完 Proteus 7.8 Professional 后，双击桌面上的 ISIS 7.8 Professional 图标或者单击屏幕左下方的"开始"→"程序"→"Proteus 7 Professional"→"ISIS 7.8 Professional"，出现如图 5-3 所示的界面，表明已进入 Proteus ISIS 集成环境。

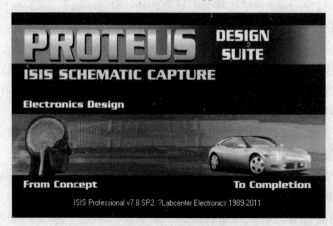

图 5-3   启动时的界面

5.1.2　Proteus 工作界面

Proteus ISIS 的工作界面是一种标准的 Windows 界面，如图 5-4 所示。包括标题栏、主菜单、标准工具栏、绘图工具栏、状态栏、对象选择按钮、预览对象方位控制按钮、仿真进程控制按钮等 Windows 应用程序必备的窗口与按钮等。而 Proteus ISIS 最重要的界面是 3 个窗口：导航窗口、元件列表区窗口和原理图图形编辑窗口。

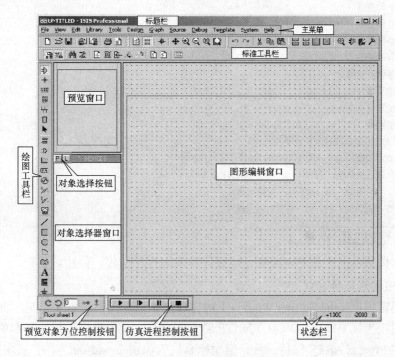

图 5-4　Proteus ISIS 的工作界面

（1）导航窗口：也称预览窗口，可以显示全部的原理图。当从元件列表区选中一个新的元件对象时，导航窗口还可以预览选中的对象。

（2）元件列表区窗口：也称对象选择器窗口，画原理图时，显示所选择的全部元器件。

（3）原理图图形编辑窗口：用于放置元器件，绘制原理图。

另外，在图 5-4 的左侧是工具栏，工具栏提供不同的操作工具，根据选择的不同工具图标来选择不同的工具，实现不同的功能，关于工具栏的说明如下。

▶	选中元器件，对元器件进行相关操作（修改参数，移位等）
⇥	选取元器件，从元器件列表区放置到原理图编辑窗口
✛	放置节点
LBL	放置标签，相当于网络标号
☰	放置文本
┿	绘制总线
╫	放置子电路
⊟	终端接口，有 VCC、地、输入、输出、总线等
⊅	器件引脚，用于绘制各种芯片引脚

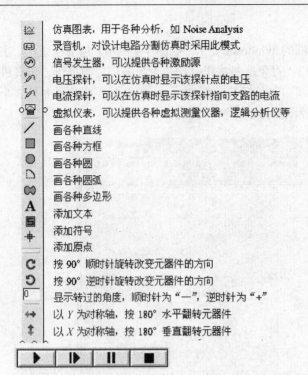

仿真图表，用于各种分析，如 Noise Analysis

录音机，对设计电路分割仿真时采用此模式

信号发生器，可以提供各种激励源

电压探针，可以在仿真时显示该探针点的电压

电流探针，可以在仿真时显示该探针指向支路的电流

虚拟仪表，可以提供各种虚拟测量仪器，逻辑分析仪等

画各种直线

画各种方框

画各种圆

画各种圆弧

画各种多边形

添加文本

添加符号

添加原点

按 90° 顺时针旋转改变元器件的方向

按 90° 逆时针旋转改变元器件的方向

显示转过的角度，顺时针为 "一"，逆时针为 "+"

以 Y 为对称轴，按 180° 水平翻转元器件

以 X 为对称轴，按 180° 垂直翻转元器件

仿真控制按钮，从左到右，分别是运行，单步运行，暂停，停止。

1. 原理图图形编辑窗口

在图形编辑窗口（the Editing Window）内完成电路原理图的编辑和绘制，如图 5-4 所示。为了方便作图，坐标系统（CO-ORDINATE SYSTEM）ISIS 中坐标系统的基本单位是 10nm，主要是为了和 Proteus ARES 保持一致。但坐标系统的识别（read-out）单位被限制在 1th（毫英寸）。坐标原点默认在图形编辑区的中间，图形的坐标值能够显示在屏幕右下角的状态栏中。

（1）点状栅格（the Dot Grid）与捕捉到栅格（Snapping to a Grid）。

编辑窗口内有点状栅格，可以通过 View 菜单的 Grid 命令在打开和关闭间切换。点与点之间的间距由当前捕捉的设置决定。捕捉的尺度可以由 View 菜单的 Snap 命令设置，或者直接使用快捷键 F4、F3、F2 和 Ctrl+F1 组合键。若输入 F3 或者通过 View 菜单的选中 Snap 100th，如图 5-5 所示。

鼠标在图形编辑窗口内移动时，坐标值是以固定的步长 100th 变化的，称为捕捉。如果想要确切地看到捕捉位置，可以使用 View 菜单的 X-Cursor 命令，选中后将会在捕捉点显示一个小的或大的交叉十字。

可以通过 View 菜单的 Redraw 命令来刷新显示内容，同时预览窗口中的内容也将被刷新。当执行其他命令导致显示错乱时可以使用该特性恢复显示。

图 5-5　View 下拉菜单

（2）视图的缩放与移动。可以通过如下几种方式：

1）单击预览窗口中想要显示的位置，这将使编辑窗口显示以鼠标单击处为中心的内容，

再次单击预览窗口特定位置，确定图像。

2）在编辑窗口内移动鼠标，按 Shift 键，用鼠标"撞击"边框，这会使显示平移。这被称为 Shift-Pan。

3）用鼠标指向编辑窗口并按工具栏中缩放键或者操作鼠标的滚动键，会以鼠标指针位置为中心重新显示。

2．预览窗口

预览窗口（the Overview Window）通常显示整个电路图的缩略图。当鼠标焦点落在原理图编辑窗口时（即放置元件到原理图编辑窗口后或在原理图编辑窗口中单击后），它会显示整张原理图的缩略图，并会显示一个蓝绿色的方框，方框里面的内容就是当前原理图编辑窗口中显示的区域（在预览窗口上单击，矩形蓝绿框也会出现）。因此，可用鼠标在预览窗口中单击来改变蓝绿色方框的位置，从而改变原理图的可视范围。

其他情况下，预览窗口显示将要放置对象的预览。这种 Place Preview 特性在下列情况下被激活：

（1）当一个对象在选择器中被选中时。

（2）当使用旋转或镜像按钮时。

（3）当为一个可以设定朝向的对象选择类型图标时（如 Component Icon 和 Device Pin Icon 等）。

（4）当放置对象或者执行其他非以上操作时，Place Preview 会自动消除。

（5）对象选择器（Object Selector）根据由图标决定的当前状态显示不同的内容时，显示对象的类型包括设备、终端、引脚、图形符号、标注和图形。

（6）在某些状态下，对象选择器有一个 Pick 切换按钮，单击该按钮可以弹出库元件选取窗体，通过该窗体可以选择元件并置入对象选择器，以便以后绘图时使用。

3．对象选择器窗口

通过对象选择按钮，从元件库中选择对象，并置入对象选择器窗口（the Selection Window），供以后绘图时使用。显示对象的类型包括设备、终端、引脚、图形符号、标注和图形。图 5-6 就是选中 8086 CPU 并且将其放置在图形编辑窗口中的情形。

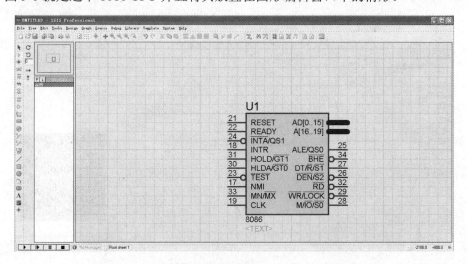

图 5-6　选中 8086 CPU

5.1.3　Proteus 的基本操作

1. 绘制原理图

绘制原理图要在原理图编辑窗口中的编辑区域内完成。原理图编辑窗口的操作是不同于常见的 Windows 应用程序的。正确的操作方法如下，可在实际操作中实践：

（1）用鼠标左键放置元件。

（2）用鼠标右键选择元件。

（3）用鼠标右键双击删除元件。

（4）用鼠标右键拖选多个元件。

（5）先用鼠标右键后，再用鼠标左键编辑元件属性。

（6）先用鼠标右键后，再用鼠标左键拖动元件。

（7）连线用鼠标左键，删除用鼠标右键。

（8）改连接线：先用鼠标右击连线，再用鼠标左键拖动。

2. 定制自己的元件

在 Proteus ISIS 中有 3 种方法定制自己的元件：

（1）用 Proteus VSM SDK 开发仿真模型，并制作元件。

（2）在已有元件的基础上进行改造，例如，修改元件的总线接口。

（3）利用已制作好（现成）的元件，可以下载一些新元件并把它们添加到自己的元件库中。

3. 子电路应用

用子电路（Sub-Circuits）可以把部分电路封装起来，以节省原理图窗口的空间。

5.1.4　元件的查找与选取

Proteus ISIS 提供包含 8000 多个部件的元件库，包括标准符号、三极管、二极管、热离子管、TTL、CMOS、微处理器及存储器部件、PLDs、模拟 ICs 和运算放大器。Proteus ISIS 提供多种从元件库查找并选取元件的方法。

1. 利用对象选择器

单击对象选择器区域顶端左侧的 P 按钮（见图 5-4）后，将出现元件库浏览对话框（见图 5-7），可在其中以关键字寻找元件。

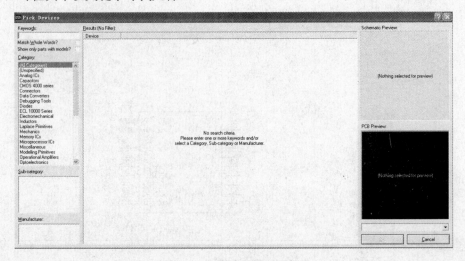

图 5-7　元件库浏览对话框

2. 利用编辑窗口的快捷菜单

在图 5-4 所示的编辑窗口区域单击鼠标右键，在弹出的快捷菜单里选择 Place→Component→From Libraries 命令，也可打开图 5-7 所示的元件库浏览对话框。

3. 利用元件名

已知元件名（如 8086）时，在图 5-7 的左上角 Keywords 区域输入元件名 8086 后，图 5-8 所示对话框的 Results 区域就会显示出元件库中的元件名或元件描述中带有 8086 的元件。此时，用户可以根据元件所属类别、子类、生产厂家等进一步查找元件。找到元件后，单击 OK 按钮即完成了一个元件的添加。添加元件后，编辑窗口的对象选择区域列表就显示该元件的名称，并可通过预览区域预览该元件。

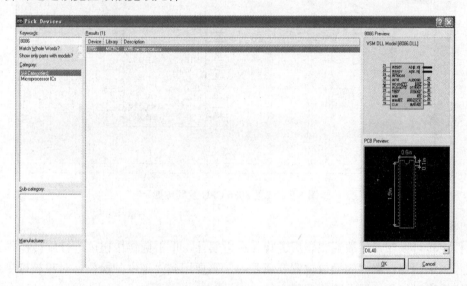

图 5-8　元件库中寻找 8086 的结果

4. 在 Keywords 区域输入相关关键字

在 Keywords 区域输入"12k resistor"，此时 Results 列表区将出现相关的元件，可以选到其中列出的 MINRES 12K（即阻值为 12kΩ）电阻。

5. 按照元件的逻辑命名习惯

在 Keywords 区域输入"MINRES 1"，此时 Results 列表区将出现相关的元件，可以选到其中列出的阻值为 1、10、15kΩ 和 100kΩ 的电阻。

6. 通过索引系统

当用户不确定元件的名称或不清楚元件的描述时，可采用这一方法。首先，清除 Keywords 区域的内容，然后选择 Category 目录中的 Resistors 类。此时 Results 列表区域出现相关的元件列表，滚动 Results 列表区域的滚动条，可查到 MINRES 系列电阻。

7. 复合查找方式查找库元件

在 Keywords 区域输入"1K"，然后选择 Category 目录中的 Resistors 类，在 Results 列表区将显示所有阻值为 1kΩ 的电阻信息，从中可以选中所需的电阻元件。

5.1.5　元件的使用

本节介绍电路图的绘制过程，包含元件使用、连线等具体方法。

1. 元件放置

从元器件库中选好器件后，接下来进行的工作就是将器件放置到编辑窗口中。首先确保系统处于元件模式（单击模型选择工具栏的模式按钮，可切换至元件模式）。在对象选择器中选择 8086，这时，在预览窗口中将显示选取器件的预览。移动鼠标并在编辑窗口单击，将出现一个 8086 的虚影，此时，再单击器件将其放置到编辑窗口中，如图 5-9 所示。

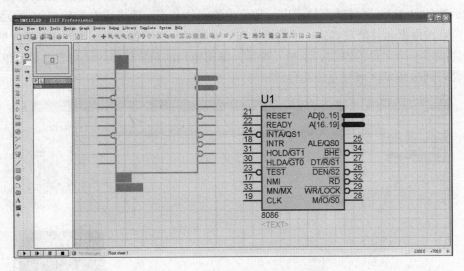

图 5-9　放置 8086 CPU 及其虚影

2. 器件调整方位

器件旋转可以在器件放置完毕后进行。选中器件，单击旋转按钮可进行旋转操作。

放置到编辑窗口器件的摆放位置要调整时，需要用到"选中"操作。对象被选中后，在红色虚线框内以红色显示，随后调整方位。

Proteus ISIS 中有以下几种方式来选中对象：

（1）选择 Selection 模式按钮，再单击选中对象。

（2）右击对象，选中对象并弹出右键快捷菜单，单击选中对象（鼠标光标必须为选择手形光标）。

（3）按住鼠标左键不放，可用拖曳出的方框选中对象。这种方法可以选中任何对象（或一组对象）。尺度手柄可以用来调整选中框的大小。

取消选择只需在编辑窗口空白处单击，或单击鼠标右键在快捷菜单中选择"清除选择"命令。

器件选中后，鼠标呈移动手形光标，按住鼠标左键即可移动对象，如图 5-9 所示。另外，还可以通过选择鼠标右键快捷菜单中的 Drag Object 命令来移动对象。在移动过程中，还可以通过数字键盘的"＋/－"键来旋转对象。

在 Proteus ISIS 中，器件的选择、定位和调整方向都是很直观的。元件对象放置完成后，就可以开始连线了。

5.1.6　连线

放置好器件以后，即可开始连线，Proteus ISIS 有 3 种连线模式。

（1）无模式连线。此时，在 Proteus ISIS 中连线可以在任何时候放置或编辑。

（2）自动连线模式。开始放置连线后，连线将随着鼠标以直角方式移动，直至到达目标位置。

（3）动态光标显示。连线过程中，光标样式会随不同动作而变化。起始点是绿色铅笔，过程是白色铅笔，结束点是绿色铅笔。在画线过程中，单击可以产生转折点。

注意：在系统自动走线过程中，按住 Ctrl 键，系统将切换到完全手动模式，可以利用此方法绘制折线。以上过程，初学者可在实践中熟悉。

Proteus ISIS 的跟随式布线方式简单且直观，重要的是要熟悉怎样发挥其功能，特别是"锚点"技术对于大型的连线是很可贵的。如果不喜欢自动连线，则可以在连线后手工调整。实现方法是：选中连线（指向并用鼠标右键单击），然后尝试从转角处和中部进行拖曳。如果只想手工连线，则只需要简单地在首个引脚处单击，在要形成转角的位置单击，直到目的引脚再单击即结束。

要完成初期的连线，需要放置并连接某些终端。两类通用终端分别是地终端和电源终端。选择终端图标（Terminal Icon），从对象选择器中的 POWER 里选择需要的终端，如图 5-10所示。

1. 将 8086 的 REDAY 端连接到电源端

具体步骤如下：

（1）选择电源终端 POWER，将其放置于 8086 芯片的左侧。

（2）编辑属性，可通过以下 3 种方式之一打开"属性编辑"对话框。

1）双击终端。

2）右击终端，选择菜单中的 Edit Properties（编辑属性）选项。

3）选中选择模式，单击选中终端，右击弹出的菜单，选择 Edit Properties 命令，如图 5-11所示。在弹出的属性对话框中输入"+5V"，单击 OK 按钮退出对话框。提示：电压值需要添加"+、−"号。

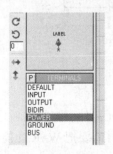

图 5-10　终端选择 POWER

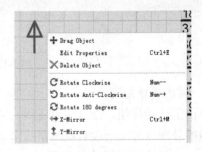

图 5-11　终端属性的编辑

（3）将电源终端和 8086 的 REDAY 脚相连。

2. 放置地信号与 Reset 引脚相连

单击选择模型，选择工具栏中的地信号 GROUND 图标。

单击选择 GROUND，将其放置于 8086 的下方，将 8086 的 RESET 引脚与地信号相连。

3. 在原理图中放置默认终端 DEFAULT，并对终端进行标注

在原理图中放置默认终端 DEFAULT 后，对终端进行标注。最后，进一步整理原理图，完成器件的连接。

4. 画导线

根据前面所述，Proteus 可以在画线时进行自动检测。当鼠标的指针靠近一个对象的连接点时，跟着鼠标的指针就会出现一个"×"号，单击元器件的连接点，移动鼠标（不用一直按鼠标左键），粉红色的连接线就变成了深绿色。如果用户想让软件自动确定线径，只需单击另一个连接点即可。这就是 Proteus 的线路自动路径功能（简称 WAR）。如果用户只是在两个连接点单击，WAR 将选择一个合适的线径。WAR 可通过使用工具栏中的 WAR 命令按钮来关闭或打开，也可以在菜单栏的 Tools 下找到这个图标。如果用户想自己决定走线路径，只需在想要拐点处单击即可。在此过程的任何时刻，用户都可以按 Esc 键或者单击鼠标右键来放弃画线。

5. 画总线

为了简化原理图，Proteus 支持用一条导线代表数条并行的导线，这就是总线。单击工具箱的总线按钮 ，即可在编辑窗口画总线。这时工作平面上将出现十字形光标，将十字形光标移至要连接的总线分支处单击，系统将弹出十字形光标并拖着一条较粗的线，然后将十字形光标移至另一个总线分支处单击，一条总线就画好了。

标号（Wire Label Mode）必须将普通线和总线都标号，并且标号必须相同，才能够将两个部件通过总线联通。如图 5-12 所示，深黄色方框框出的是普通线上的标号（Q0、Q1、Q2、Q3），绿色方框框出的是总线标号（Q[0..3]），图中蓝色箭头所指的是在总线上添加的电压探针，电压探针的标号自动与总线标号匹配。

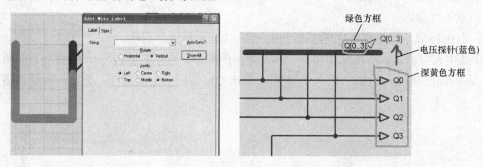

图 5-12   总线及总线标号

6. 画总线分支线

单击工具箱按钮，画总线分支线，它是用来连接总线和元器件引脚的。画总线时，为了和一般的导线区分，一般喜欢画斜线来表示分支线，但是这时需要把 WAR 功能关闭。

Proteus 画分支线的方法如下：

（1）画出蓝色、粗体的总线（Bus）。

（2）画分支线，深绿色、细的电气线（Wire）连接到总线上。此时，应同时按住 Ctrl 键，以便形成 45°斜线，如图 5-13 所示。

（3）画标号，选择线路标号（Wire Label）。在总线分支线和总线相连的线上（已经显示为×号），单击，在 Edit Wire Label 对话框中输入相应的标号。

（4）在总线的另一头输入同样的标号。这样，两个元件就通过总线及分支线连接起来了。

7. 放置线路节点

如果在交叉点有电路节点，则认为两条导线在电气上是相连的，否则就认为它们在电气上是不相连的。**Proteus ISIS** 在画导线时，能够智能地判断是否要放置节点。在两条导线交叉时是不放置节点的，这时要想两个导线电气相连，只有手工放置节点了。单击工具箱的节点放置按钮 <kbd>+</kbd>，把鼠标指针移到编辑窗口并指向一条导线时，就会出现一个"×"号，这时单击就能放置一个节点。

5.1.7　元件标签

1. 编辑元件标签

每个元件都有对应的编号，电阻、电容还有相应的量值。这些都是由 Proteus ISIS 工具菜单下的实时标注（Real Time Annotation）命令实现的。

元件标签的位置和可视性完全由用户控制，可以改变取值、移动位置或隐藏这些信息。可以通过器件编辑（Edit Component）对话框设置隐藏选项，设置界面如图 5-14 所示。在该对话框中，可以更改元件的名称、量值等。

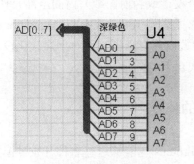

图 5-13　分支线的画法

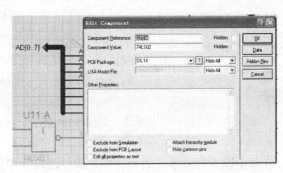

图 5-14　编辑元件的属性

2. 移动元件标签

与隐藏元件标签一样，可以将元件标签移动到比较适合的地方。例如，需要在标签的位置放置连线时，就需要移动标签以腾出空间。

又如，对某个运算放大器设置标签，最容易选中运算放大器的方法是改变捕获设置。当指针在编辑窗口时，坐标显示是以固定步长变化的，初始值是 100th。这称为捕获，目的是使放置的器件和其他对象整齐美观。捕获的单位用菜单 View→Snap 命令来设置，或直接使用快捷键 F2。按 F2 键将捕获单位减小到 50th，然后选中运算放大器。用鼠标左键指向标签 U1 并按下，拖放到正确的位置。

放置完标签，按 F3 键将捕获单位重新设置到 100th。虽然 Proteus ISIS 的实时捕获功能可以定位在捕获栅格上的引脚和连线，但是保持一贯相同的捕获栅格会使图纸整洁、美观。

5.1.8　器件标注

Proteus ISIS 提供 4 种方式来标注（命名）器件。

（1）手动标注。进入对象 Edit Properties 对话框进行设置。

（2）属性分配工具（PAT）。使用这个工具可以放置固定或递增的标注。

（3）全局标注器。对原理图中所有器件进行自动标注。

（4）实时标注。此选项使能后，在器件放置后会自动获得标注。

一般来说，实时标注是默认使能的，可以在绘图完毕后再使用属性分配工具（PAT）或自动标注工具进行标注的调整。

由于手工标注可以使用 PAT 工具重新标注器件，因而可能会出现两个器件有相同标注的问题（在生成网络表时会出现错误）。所以，需要遵守一定的准则来保证标注的正确性。

PAT 工具也可应用于其他的场合，如改变器件量值、替换器件和总线标号放置等，是一个非常强大的应用工具。

5.1.9 全局标注器

Proteus ISIS 带有一个全局标注器，使用它可以对整个设计快速标注，也可以标注未被标注的器件（即参考为"？"的器件）。全局标注器有两种操作模式。

图 5-15 全局标注设置对话框

1. 增量标注

标注限于特定范围（整个设计或当前图纸）内未被标注的元件。

2. 完全标注

标注限于特定范围（整个设计或当前图纸）内的全部元件。

进行全局标注的方法：选择菜单 Tools→Global Annotator 命令，弹出如图 5-15 所示的参数设置对话框。而对于层次化设计的电路推荐使用完全标注模式。

5.2   Proteus ISIS 下 8086 的仿真

在基于微处理器系统的设计中，即使没有物理原型，Proteus 也能够进行软件开发。模型库中包含 LCD 显示器、键盘、按钮、开关等通用外围设备。同时，它还能提供的 CPU 模型有 8086、ARM7、PIC、Atmel、AVR 和 8051/8052 等。

Proteus7.8 支持基于 8086 微处理器的仿真，而这也是 Proteus 7.5 以上版本的 Proteus 所具有的功能。Proteus VSM 8086 是 Intel 8086 处理器的指令和总线周期仿真模型。它能通过总线驱动器和多路输出选择器电路连接 RAM 和 ROM 及不同的外围控制器。目前的模型能仿真 8086 CPU 最小模式中所有的总线信号和器件的操作时序，但是对最大模式的支持还没有实现。此外，因为内部存储区域能被定义，所以，外部总线行为的仿真不需要编程获取和数据存储读、写的操作。

通过编辑元器件对话框就可以对 8086 模型的多种属性（见表 5-1）进行修改。此外，8086 模型支持将源代码的编辑和编译整合到同一设计环境中，用户可以在设计中直接编辑代码，并可以非常容易地修改源程序并查看仿真结果。

表 5-1   8086 模型的基本属性表

属性	默认值	描 述
时钟	1MHz	指定处理器的时钟频率。在外部时钟被选中的情况下这个属性被忽略
外部时钟	NO	指定是否使用内部时钟模式，或是响应已经存在 CLK 引脚上的外部时钟信号。注意，使用外部时钟模式会明显减慢仿真的速度
编程	—	指定一个程序文件并加载到模型的内部存储器中。程序文件可以是二进制文件、与 MS-DOS 兼容的 COM 文件或是 EXE 格式的程序
程序段	0x0000	决定外部程序加载到内部存储器中的位置

属性	默认值	描　　述
内部存储单元	0x0000	内部仿真存储区的位置
内部存储容量	0x0000	内部仿真存储区的大小

说明：8086 模型支持直接加载 BIN、COM 和 EXE 格式的文件到内部 RAM 中，而不需要 DOS，并且允许对 Microsoft（Codeview）和 Borland 格式中包含了调试信息的程序进行源代码和反汇编级别的调试，因此，源代码编译和链接过程的参数相当重要。

下面以简单 I/O 控制电路为例，介绍 Proteus ISIS 8086 的仿真过程。

5.2.1　编辑电路原理图

基于 8086 的简单 I/O 实验电路利用 8086 微处理器，根据读取到的开关 K0～K7 的状态，控制发光二极管 LED0~LED7 按一定的规律发光。在 Proteus ISIS 下编辑完成的实验电路如图 5-16 所示，元件清单见表 5-2。

表 5-2　　　　　　　　　　　实 验 电 路 元 件 清 单

元件名称	所属类	所属子类	功能说明
8086	Microprocessor Ics	i86 Family	微处理器
74LS245	TTL 74LS series	Transceivers	8 路同相三态双向总线收发器
74LS373	TTL 74LS series	Flip-Flops & Latches	三态输出的 8 D 透明锁存器
74154	TTL 74 series	Decoders	4—16 译码器
74273	TTL 74 series	Flip-Flops & Latches	8 D 型触发器（带清除端）
LED-GREEN	Optoelectronics	LEDs	绿色 LED 发光管
NOT	Simulator Primitives	Gates	非门
OR	Simulator Primitives	Gates	2 输入或门
OR_4	Modelling Primitives	Digital(Buffers & Gates)	4 输入或门
OR_8	Modelling Primitives	Digital(Buffers & Gates)	8 输入或门
RES	Resistors		电阻
SWITCH	Switchs & Relays	Switchs	开关

在 Proteus ISIS 中输入电路原理图的步骤如下。

（1）将所需元器件加入到对象选择器窗口。左键单击模型选择工具栏中的元件按钮 ，单击"对象选择器"按钮 P ，按照把本例所需的元件添加到对象选择器窗口中，该电路用到的仿真元件信息见表 5-2。

（2）将元件放入原理图编辑窗口。在元件列表中选取 8086，在原理图编辑窗口中单击，这样 8086 就被放到原理图编辑窗口了。同样放置其他各元件。如果元件的方向不对，可以在放置以前用方向工具转动或翻转后再放入；如果已放入图纸，则可以选定后，再用方向工具或块旋转工具转动。单击模型选择工具栏中的终端按钮 ，在对象选择器窗口单击 GROUND 地终端，并在原理图编辑窗口中单击进行放置。同样放置其他终端，如 Power、Default 和 Bus 等。

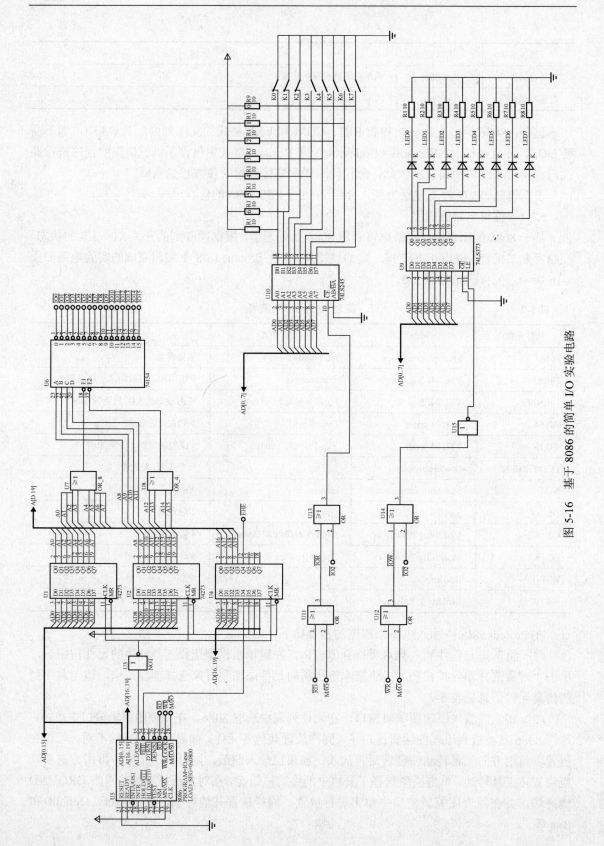

图 5-16　基于 8086 的简单 I/O 实验电路

（3）连线并添加必要的标签。画导线和总线，并添加必要的标签。完成的电路图如图 5-16 所示。图中的 $\overline{RD}$ 和 $\overline{WR}$ 等引脚处使用了默认终端 Default 并添加了终端标签（左键双击默认终端，在 string 处输入标签，输入"RD"即可得到 $\overline{RD}$ ）；总线终端处添加了总线标签，例如总线命名为 AD[0..7]，意味着此总线可以分为 8 条彼此独立的、命名为 AD0～AD7 的导线，若该总线一旦标注完成，则系统自动在导线标签编辑页面的 String 栏的下拉菜单中加入以上 8 组导线名，今后再标注与之相联的导线名时，如 AD0，只要直接从导线标签编辑页面的 String 栏的下拉菜单中选取即可。凡是标签相同的点都相当于之间建立了电气连接而不必在图上绘出连线。

硬件原理图可参考 Proteus 安装文件 SAMPLES\VSM for 8086\8086 Demo Board 模板文件建立。

5.2.2　设置外部代码编译器

本例的 8086 汇编语言源代码（文件名 T1.ASM）如下：

```
CODE    SEGMENT
        ASSUME CS:CODE
START: MOV DX, 200H
        IN   AL, DX        ;读入开关状态
        OUT  DX, AL        ;送出到发光二极管显示
        JMP  START
        RET
CODE    ENDS
        END   START
```

8086 汇编语言开发可用的软件编译工具有多种，例如 MASM、TASM、EMU8086 等。不论用哪种软件平台，只要把汇编语言源程序编译生成 EXE 可执行文件（或者 COM、BIN 文件），然后把该 EXE 可执行文件（或者 COM、BIN 文件）加载到 Proteus 原理图中的 8086 微处理器中，就可以进行系统的仿真。下面分别介绍采用 MASM32、EMU8086 两种汇编语言开发软件对其进行汇编、连接生成 EXE 可执行文件。本教材中所引用的程序都通过 EMU8086 编译工具加载到 Proteus 仿真软件中。

1. 采用 MASM32 汇编语言开发软件

MASM32 并非是指 Microsoft 的 MASM 宏汇编器。MASM32 是一个由国外 MASM 爱好者自行开发的包含了不同版本工具组建的汇编开发工具包。它的汇编编译器是 MASM6.0 以上版本中的 Ml.exe，资源编译器是 Microsoft Visual Studio 中的 Rc.exe，32 位链接器是 Microsoft Visual Studio 中的 Link.exe，同时包含有其他的一些如 Lib.exe 和 DumpPe.exe 等工具。另外，微软发布的 MASM 从 6.11 版才开始支持 Windows 编程，6.11 版以前的版本只能用来编写 DOS 程序。

（1）设置外部代码编译器。

1）将 MASM32 文件夹（包含汇编程序 ml.exe、链接程序 link.exe 和批处理文件 masm32．bat）复制到 D 盘根目录下，并修改 masm32.bat 文件的有关内容，修改的方法见第 3）的介绍（假设 D 盘为工作盘，可读/写）。

2）启动 PROTEUS ISIS 后，选择菜单 Source→Define Code Generation Tools 命令后可打开如图 5-17 所示的窗口，单击 New 按钮后，添加新的外部 8086 汇编编译器，即打开如图 5-18 所示的窗口。

3）在图 5-18 的新建外部编译器窗口上，单击 Browse 按钮，打开 masm32 文件夹，选中 masm32.bat 文件，完成代码生成规则的设置。

图 5-17　添加外部 8086 汇编编译器窗口

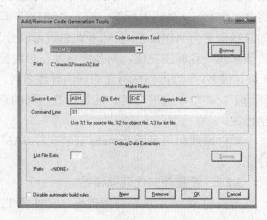

图 5-18　选中 masm32.bat 文件，设置代码生成规则

masm32.bat 文件的内容为

```
@ECHO OFF
C:\masm32\ml /c /Zd /Zi %1
set str=%1
set str=%str:~0,-4%
C:\masm32\link /CODEVIEW %str%.obj,%str%.exe,nul.map
```

选中该文件，按鼠标右键弹出快捷菜单，选择编辑命令可编辑该文件。注意：该文件第 2 行和最后 1 行第 1 项：C:\masm32 是 masm32 文件夹所在的目录，根据该文件夹在计算机中的实际位置修改这两行此处的内容。如 masm32 文件夹在 D 盘根目录，则这一项应修改为 D:\masm32。

另外，汇编和链接时的参数确保了生成的程序中包含了调试信息。

（2）添加源代码，选择编译器。选择 Source 菜单下的 Add/Remove Source Files 命令后，可打开如图 5-19 所示的窗口，单击 New 按钮，打开新建窗口。在菜单 Source 命令下，可新建或添加合适的汇编程序，若选中所添加的代码文件，即可打开源代码编辑窗口，输入并保存汇编源程序。

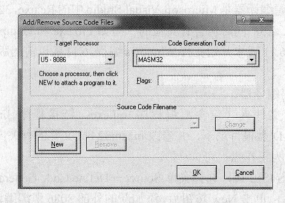

图 5-19　添加源代码，选择编译器

在新建窗口的文件名文本框内输入汇编源程序的名称，如 T1，单击"打开"按钮，在弹出的对话框（见图 5-20）中选择"是"按钮，新建汇编源文件 T1.ASM，显示图 5-21 所示的界面。此时，可单击 OK 按钮返回原理图编辑界面。

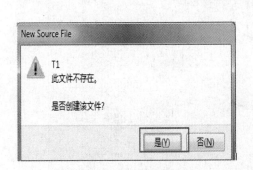

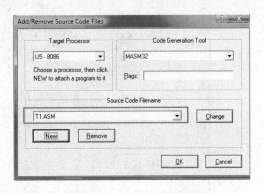

图 5-20　新建源文件对话框　　　　　　　　　图 5-21　源代码添加完毕

选择 Source 菜单下的 T1.ASM，即打开源代码编辑窗口，如图 5-22 所示。在此源代码编辑窗口可输入汇编源程序，并保存。选择 Source 菜单下的 Build All 命令可编译源代码。编译成功后界面如图 5-23 所示。

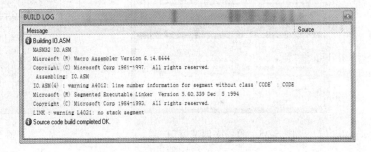

图 5-22　源代码编辑窗口　　　　　　　　　图 5-23　编译成功后的界面

（3）仿真调试。

1）单击仿真盘框中的"运行"按钮，如图 5-24 所示，电路进入仿真状态。在虚拟实验平台上通过单击开关来回切换开关的状态，观察发光二极管的变化。此例中，某开关闭合，则与该开关序号相同的发光二极管被点亮。

2）单击仿真盘框中的"暂停"按钮可使电路从仿真状态切换到调试状态。在默认设置下系统会弹出两个窗口：①源程序调试窗口，如图 5-25 所示；②寄存器窗口。另外一些调试窗口可以通过 DEBUG 菜单选出显示；用户可以直接在 WATCH WINDOW 中添加自己比较关心的变量进行实时监测。程序执行到某处，在该行程序的最左边会有一个红色的箭头出现；同时，该行程序呈现高亮显示状态。

3）在源程序调试窗口单选某行，使该行高亮，然后按 F9 键就可以设置断点。再按 F12 键运行程序。从 Debug 菜单中选择 8086 Registers，可以从打开的寄存器窗口（见图 5-26）中看到执行到断点处的寄存器的值。

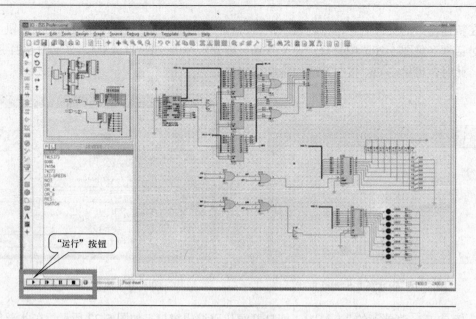

图 5-24　仿真运行

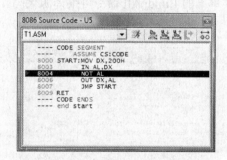

图 5-25　源程序调试窗口

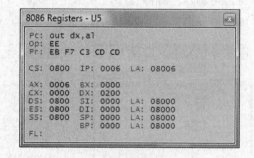

图 5-26　8086 寄存器窗口

在 Debug 菜单下有一系列的调试键，但是多数情况下可用 F11 键来单步运行程序。现在单击 F11 键并注意左边的红色箭头下移到下一条指令。通过观察寄存器窗口的观察寄存器值的变化以校验指令的运行情况。

2. 采用 EMU8086 汇编语言开发软件

本教材所引用的程序都通过 EMU8086 编译工具加载到 Proteus 仿真软件中。关于 EMU8086 的使用方法详见第 1.3 节。

在 Proteus 软件中绘制系统原理图，然后需要对 Proteus 进行程序导入设置才能运行汇编程序进行仿真调试。采用 EMU8086 的操作步骤与采用 MASM32 的操作步骤基本相同，具体步骤如下。

（1）单击 Source→Define Code Generation Tools 命令，在弹出的对话框中单击 New 按钮。

（2）在弹出的对话框中找到本机中 EMU8086 软件安装后生成的 EMU8086 文件夹，选择可执行程序 emu8086.exe，单击"打开"按钮，如图 5-27 所示。

（3）回到设置对话框后，将源文件和目标文件分别设为 ASM 和 EXE，单击 OK 按钮，如图 5-28 所示。

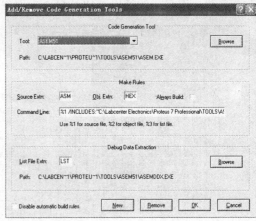

图 5-27　选择可执行程序 emu8086.exe　　　　图 5-28　将源文件和目标文件设为 ASM 和 EXE

（4）单击 Source →Add/Remove Source files，在弹出的对话框中单击 New 按钮。注意，此时 Target Processor 为 8086，而 Code Generation Tool 为 EMU8086，如图 5-29 所示。

图 5-29　找到需调试运行的 asm 源程序

（5）弹出如图 5-30 所示的对话框，找到需调试运行的 asm 源程序，单击 OK 按钮即可。

图 5-30　单击 OK 按钮

（6）在运行过程中，利用 Proteus 中 Debug 菜单项中的选项可进行各项调试功能，查看寄存器、内存、变量以及仿真日志等内容，如图 5-31 所示。

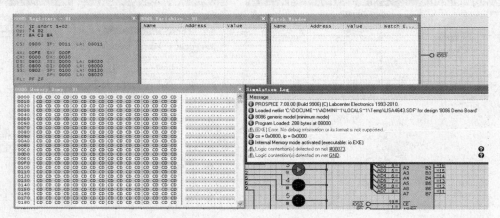

图 5-31　Debug 中查看调试内容

第 6 章 基于 Proteus 的 8086 接口实验

6.1 基本 I/O 应用—I/O 译码

1. 功能说明

本实例利用 8086 微处理器和相关外围芯片构造 I/O 译码电路,并保存成部件组,以便以后使用。同时根据读取到的开关状态,控制发光二极管 LED0～LED7 按一定的规律发光。该电路用到的仿真元件信息见表 6-1。

表 6-1   I/O 实 验 电 路 元 件 清 单

元件名称	所属类	所属子类	功能说明
8086	Microprocessor Ics	i86 Family	微处理器
74LS245	TTL 74LS series	Transceivers	8 路同相三态双向总线收发器
74LS373	TTL 74LS series	Flip-Flops & Latches	三态输出的 8 D 透明锁存器
74154	TTL 74 series	Decoders	4—16 译码器
74273	TTL 74 series	Flip-Flops & Latches	8 D 型触发器(带清除端)
74LS02	TTL74LS series	Gate & Inverters	与非门
4078	CMOS 4000 series	Gate & Inverters	8 输入与非门
LED-GREEN	Optoelectronics	LEDs	绿色 LED 发光管
NOT	Simulator Primitives	Gates	非门
RES	Resistors		电阻
SWITCH	Switchs & Relays	Switchs	开关

Proteus ISIS 通过层次设计形式支持多图纸设计。对于一个较大、较复杂的电路图,不可能将这个电路图画在一张图纸上,利用层次电路图可以大大提高设计效率,也就是将这种复杂的电路图根据功能划分为几个模块,做到多层次并行设计。在本例构造 I/O 译码电路时,首先利用层次电路图方式将译码电路做成子电路模块,然后通过保存部件组文件的形式,方便以后使用。

2. Proteus 电路设计

(1)创建子电路。I/O 译码电路的设计步骤如下:

1)使用子电路工具建立层次图。单击工具栏中的子电路工具,如图 6-1 左侧小框所示。在编辑窗口拖动,拖出子电路模块。从图 6-1 所示界面的对象选择器中选择适合的输入和输出端口,放置在子电路图的左侧和右侧。端口用来连接子图和主图。一般输入端口放在电路图模块的左侧,而输出端口放在右侧,如图 6-2 所示。

2)使用端口编辑对话框编辑端口名称。直接使用端口编辑对话框编辑端口名称,也可使用菜单 Tools→Property Assignment Tool 命令编辑端口及子图框的名称。端口的名称必须与要制作的子电路逻辑终端名称一致。

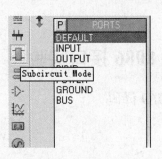

图 6-1　子电路模式

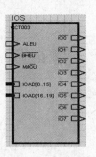

图 6-2　创建子电路

3）利用快捷菜单，加载一空白的子图页。将光标放置在子电路模块上右击，并选择菜单命令 Goto Child sheet（默认组合键为 Ctrl+C），这时 ISIS 加载一空白的子图页。

4）编辑子电路。首先，在 Proteus ISIS 编辑环境中，输入图 6-3 所示的原理图。注意：图中画子电路输入 / 输出采用终端模式，其名称要与第 2）步中外部名称一致。

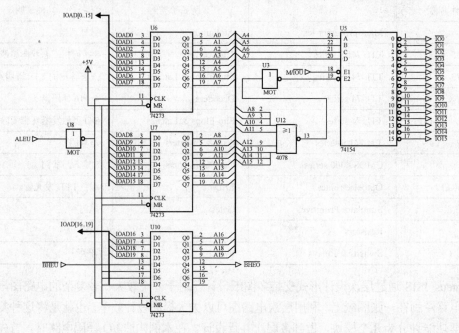

图 6-3　I/O 译码电路原理图

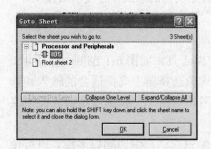

图 6-4　图页定位窗口

5）电路编辑完返回。子电路编辑完后，选择菜单 Design→Goto Sheet 命令，这时出现如图 6-4 所示的对话框，选择 Processor and Peripherals 选项，然后单击 OK 按钮，即使 Proteus ISIS 回到主设计图页。也可以在菜单命令 Design 或者子图页空白处右击，选择 Exit to Parent Sheet 选项返回主设计页。

至此，I/O 译码的层次电路图绘制完毕。

（2）部件组文件（Section）的保存。切换至子电路编辑模式，选中全部子电路模块，选择菜单 File→Export Section 命令，将上述制作成的子电路图保存成部件组文件。

（3）绘制应用电路。本例采用层次图的形式构造译码部分，因此如果采用将制作好的译码部件组导入的方式，需要先在 Root Sheet 即主电路层绘制好子电路模块，然后切换到器件的 Child Sheet 即子电路层中导入上一步保存的部件组文件。选择菜单 File→Import Section 命令。

弹出如图 6-5 所示的对话框，选择前面所保存的部件组文件，在原理图编辑窗口就会自动导入器件，完成与第 1）步相同的工作。

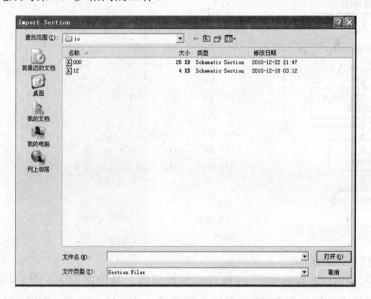

图 6-5 导入 Section 文件界面

按图 6-6 所示搭建最终的应用电路。

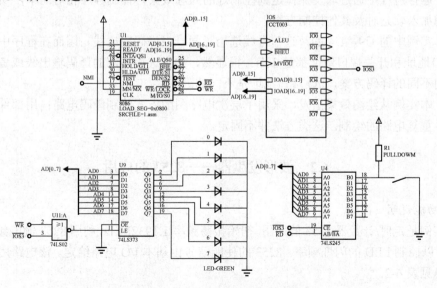

图 6-6 基本 I/O 应用实例电路原理图

3．代码设计

本实例通过读取开关状态来控制 LED 的闪烁，流程图如图 6-7 所示。注意，该程序为无限次循环。

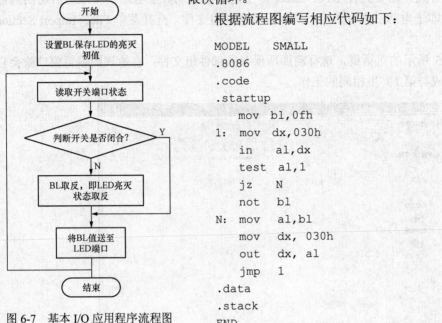

根据流程图编写相应代码如下：

```
MODEL    SMALL
.8086
.code
.startup
    mov  bl,0fh
1:  mov  dx,030h
    in   al,dx
    test al,1
    jz   N
    not  bl
N:  mov  al,bl
    mov  dx, 030h
    out  dx, al
    jmp  1
.data
.stack
END
```

图 6-7　基本 I/O 应用程序流程图

4．仿真分析与思考

（1）本例利用 BL 寄存器保存 LED 端口的输出值，从电路图 6-6 中 U9 右端可以看到，BL 中二进制位的值直接决定 LED 正极的电平高低，从而决定亮灭。电路中 LED 的接法也可以采用共阳极接法，效果类似。

（2）运行过程中通过取反操作达到控制灯的闪烁效果，控制程序相对简单，实验过程也可以考虑加入软延时及其他控制方案。

（3）实例中的 U9，U4 的片选信号线选用了同一根译码输出线，因而在程序中可以看到 LED 端口地址和开关端口地址都是 30H。很显然，如果选用不同的译码输出线或者在译码电路中采用不同的译码方案，I/O 端口地址是不同的。

（4）本实例从绘图效果出发，采用了层次电路图的方式绘制译码电路；用部件组文件的方式减少重复电路的绘制。这类方法并不固定。

6.2　波形发生器——8253 的应用

1．功能说明

本实例是定时/计数器 8253 的应用。初始振荡频率 1.1932MHz，利用 8253 输出频率为 1Hz 的波形，以控制 LED 的闪烁频率。8253 的使能信号由基本 I/O 电路给定。该电路用到的仿真元件信息见表 6-2。

表 6-2   波形发生器实验电路元件清单

元件名称	所属类	所属子类	功能说明
8086	Microprocessor Ics	i86 Family	微处理器
74LS373	TTL 74LS series	Flip-Flops & Latches	三态输出的 8 D 透明锁存器
74154	TTL 74 series	Decoders	4—16 译码器
74273	TTL 74 series	Flip-Flops & Latches	8 D 型触发器（带清除端）
74LS02	TTL74LS series	Gate & Inverters	与非门
7427	TTL74 series	Gate & Inverters	3 输入与非门
LED-GREEN	Optoelectronics	LEDs	绿色 LED 发光管
NOT	Simulator Primitives	Gates	非门

2. Proteus 电路设计

（1）构建译码电路。本实例不采用层次电路图，而是直接在主电路图中搭建译码电路，如图 6-8 所示。选用 $\overline{IO2}$ 作为 8253 的片选地址线、$\overline{IO3}$ 连接基本 I/O 电路 74LS373 芯片，从而可见 8253 的起始地址为 0400H，基本 I/O 电路地址为 0600H。

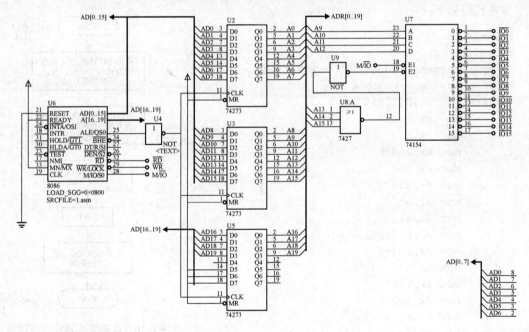

图 6-8　译码电路原理图

（2）绘制应用电路。按图 6-9 绘制应用电路。其中，振荡源直接采用 Proteus 提供的数字频率发生器（单击 选 Generator Mode），并利用 Proteus 自带的示波器（单击 可选 Virtual Instruments Mode）观察输出波形的特征。

3. 代码设计

本例的流程图如图 6-10 所示。

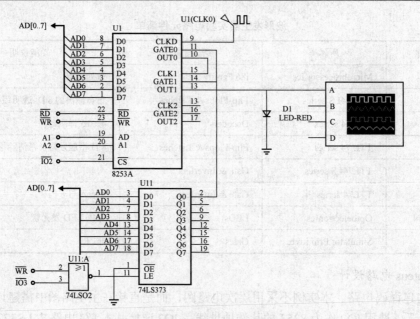

图 6-9 波形发生器元件电路原理图

参考代码如下:

```
io2 = 400h
io3=600h
  code  segment 'code'        ;定义代码段
       assume  cs: code
  start:mov al,00110100b
       mov dx,io2+6
       out dx,al
       mov ax,2e9ch
       mov dx,io2
       out dx,al
       mov al,ah
       out dx,al
       mov al,01010110b
       mov dx,io2+6
       out dx,al
       mov ax,100
       mov dx,io2+2
       out dx,al
       mov dx,io3
       mov al,01h
       out dx,al
       mov bx,500
  wait1:mov cx,882
       loop $
       dec bx
       jnz wait1
       mov dx,io3
```

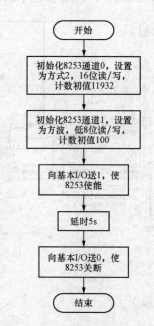

图 6-10 波形发生器软件流程图

```
        mov al,00h
        out dx,al
  J1:   jmp J1                  ;此句为程序暂停
 exit:  ret                     ;利用功能调用返回 DOS
        code ends               ;代码段结束
        end start
```

4. 仿真分析与思考

（1）由于代码中设置了 8253 的工作时间是 5s，因此仿真开始后需要及时暂停，方便查看波形。仿真启动后，单击菜单 Debug→Digital Oscilloscope 命令，即可打开示波器面板。Proteus 的数字示波器支持四通道，由于本例电路中仅连接了示波器引脚 A，因此在面板中只需将 Channel A 拨至 DC；同时选中幅值为 1V，宽度 0.1ms。从图 6-11 中可以看到，8253 的输出方波频率为 1Hz。

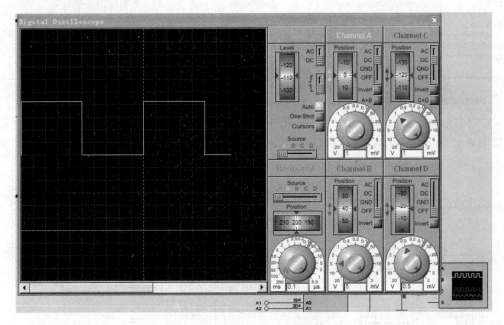

图 6-11 波形发生器仿真结果

（2）本例中 8253 的工作时间通过软件延时来控制。因为 8086CPU 中执行一条 LOOP 指令需要 17 个时钟周期，而本例选用 8086 工作频率为 1.5MHz（在原理图编辑窗口单击 8086 器件，在 CPU 的属性对话框中设置），所以本例采用的 Wait1 循环延时≈500×（882×17/1 500 000），约 5s。结合第 6.1 节的实例，考虑如何利用开关控制 8253 工作时间分别为 5、10、100s。

6.3 键盘与数码管——8255A 的应用（数字量输入/输出）

1. 功能说明

本例结合 8255A 的使用，说明翻转法行列式键盘的运用及七段数码管的工作原理。该电路用到的仿真元件信息见表 6-3。

表 6-3　　　　　　　　　　　　　　键盘实验电路元件清单

元件名称	所属类	所属子类	功能说明
8086	Microprocessor Ics	i86 Family	微处理器
74LS373	TTL 74LS series	Flip-Flops & Latches	三态输出的 8 D 透明锁存器
74154	TTL 74 series	Decoders	4—16 译码器
74273	TTL 74 series	Flip-Flops & Latches	8 D 型触发器（带清除端）
74LS02	TTL74LS series	Gate & Inverters	与非门
4078	CMOS 4000 series	Gate & Inverters	8 输入与非门
LED-GREEN	Optoelectronics	LEDs	绿色 LED 发光管
NOT	Simulator Primitives	Gates	非门
8255A	Microprocessor ICs	Peripherals	可编程 24 位接口
Button	Switches & Relays	Switch	按钮
7SEG-COM-CATHOD	Optoelectronics	7 Segment Displays	七段红色共阴极数码管
RES	Resistor		电阻

2. Proteus 电路设计

（1）构建译码电路。本实例中，不采用层次电路图，而是直接在主电路图中搭建译码电路，如图 6-12 所示。选用 $\overline{IO3}$ 作为 8255A 的片选地址线，从而可见 8255A 的起始地址为 30H。

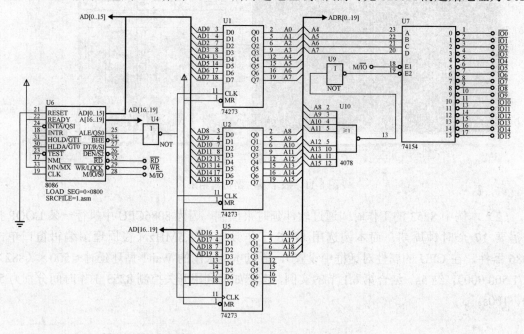

图 6-12　键盘实验译码电路原理图

（2）应用电路。对于 8255A 的 3 个并行口，选用 C 口的低 4 位和高 4 位分别接 4×4 键盘的行列信号线，选用 B 口接 LED，选用 A 口驱动数码管，数码管采用静态共阴极接法。实现当有一按键按下时，LED 和数码管均能显示其按键值。数码管与键盘实验电路分别如图 6-13 和图 6-14 所示。

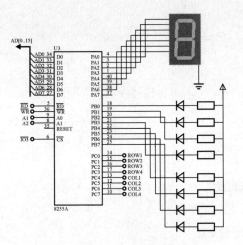

图 6-13　数码管实验电路原理图

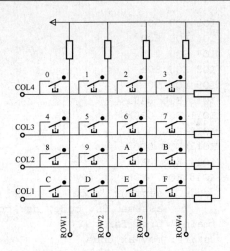

图 6-14　键盘实验电路原理图

3. 代码设计

本例流程图如图 6-15 所示。

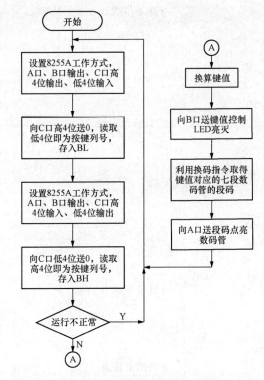

图 6-15　键盘实验程序流程图

参考代码如下：

```
IO0 EQU 00h
IO1 EQU 10h
IO2 EQU 20h
IO3 EQU 30h
IO4 EQU 40h
```

```
        IO5 EQU 50h
        IO6 EQU 60h
        IO7 EQU 70h
        IO8 EQU 80h
        IO9 EQU 90h
        IO10 EQU 0A0h
        IO11 EQU 0B0h
        IO12 EQU 0C0h
        IO13 EQU 0D0h
        IO14 EQU 0E0h
        IO15 EQU 0F0h
 code    segment 'code'           ;定义代码段
         assume  cs: code, ds: code
 main    proc far
 start:  mov ax,code              ;建立 DS 段地址
         mov ds,ax
   l:    mov al,10000001B
         mov dx,IO3+6
         out dx,al
         mov dx,IO3+4
         mov al,00                ;高 4 位送 0
         out dx,al
 nokey:  in al,dx
         and al,0fH
         cmp al,0fH
         jz nokey
         call delay10
         in al,dx
         mov bl,0
         mov cx,4
 LP1:    shr al,1
         jnc LP2
         inc bl
         loop LP1
 LP2:    mov al,10001000B
         mov dx,IO3+6
         out dx,al
         mov dx,IO3+4
         mov al,00                ;低 4 位送 0
         out dx,al
         in al,dx
         and al,0f0H
         cmp al,0f0H
         jz  l                    ;出错重新来
         mov bh,0
         mov cx,4
 LP3:    shl al,1
         jnc LP4
         inc bh
         loop LP3
 LP4:    mov ax,4
         mul bh
         add al,bl
```

```
            mov dx,io3+2
            out dx,al
            mov bx,offset segdata
            xlat
            mov dx,IO3
            out dx,al
            mov cx,0
   J1:      loop J1
            jmp l
            ret
   main  endp

   delay10 proc
            mov cx,882
            loop $
            ret
   delay10 endp

   segdata db 3fh,06h,5bh,4fh,66h,6dh,7dh,07h,7fh,6fh,77h,7ch,39h,5eh,79h,71h
   code     ends            ;代码段结束
            end  start
```

4. 仿真分析与思考

（1）从实现代码可见，利用二次判键来消除按键抖动，两次判键间的延时由 10ms 软件延时子程序完成。试修改原理图中 8086 器件主频为 2MHz，分析代码需做如何修改。

（2）键盘键值计算是与原理图中按键名布局相关的，请尝试更改原理图的按键名布局并编写对应的代码。

（3）本例采用单个七段数码管显示当前按键名，试采用动态法接多位数码管显示连续按键。

6.4 中断应用——8259A 的应用

1. 功能说明

本例用以说明 8259A 的使用，设置 8259A 的 IR0 为 60H 中断，利用按键触发中断，使基本 I/O 驱动 LED 灯亮灭。该电路用到的仿真元件信息见表 6-4。

表 6-4   中断实验电路元件清单

元件名称	所属类	所属子类	功能说明
8086	Microprocessor Ics	i86 Family	微处理器
74LS373	TTL 74LS series	Flip-Flops & Latches	三态输出的 8 D 透明锁存器
74154	TTL 74 series	Decoders	4—16 译码器
74273	TTL 74 series	Flip-Flops & Latches	8 D 型触发器（带清除端）
74LS02	TTL74LS series	Gate & Inverters	与非门
7427	TTL 74 series	Gate & Inverters	3 输入与非门
LED-GREEN	Optoelectronics	LEDs	绿色 LED 发光管

续表

元件名称	所属类	所属子类	功能说明
NOT	Simulator Primitives	Gates	非门
8259	Microprocessor ICs	Peripherals	可编程中断控制器
Button	Switches & Relays	Switch	按钮
RES	Resistor		电阻

2. Proteus 电路设计

（1）译码电路。本实例不采用层次电路图，而是直接在主电路图中搭建译码电路，如图 6-16 所示。选用 IO2 作为 8259A 的片选地址线、IO3 连接基本 I/O 电路 74LS373 芯片，从而可见 8259A 的起始地址为 0400H，基本 I/O 电路地址为 0600H。

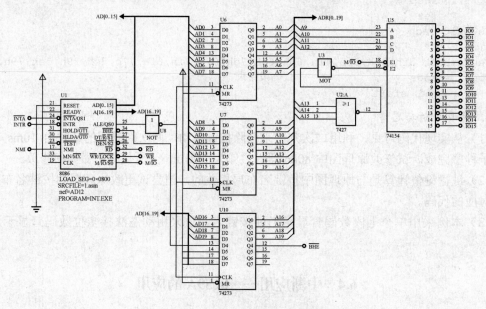

图 6-16　按键中断实验中的译码电路原理图

（2）应用电路。应用电路分两部分：①基本 I/O 用于相应中断服务程序中控制 LED 的亮灭；②8259A 电路用于接收按钮触发中断。应用电路如图 6-17 所示。

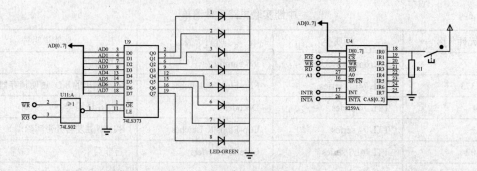

图 6-17　发光二极管接口和按键接口电路图

3．代码设计

程序流程图如图 6-18 所示。

参考代码如下：

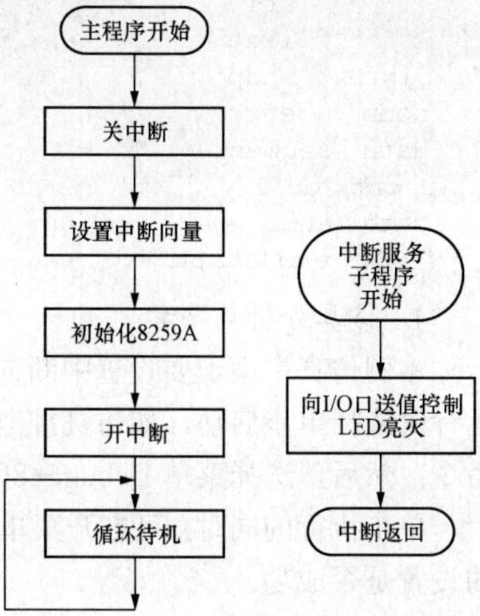

```
code segment 'code'
assume cs:code,ds:data
main proc far
start:  mov ax, data
        mov ds, ax
        cli
        mov ax,0
        mov es,ax
        mov si,60H*4        ;设置中断向量
        mov ax,offset int0
        mov es:[si],ax
        mov ax,cs           ;seg int0
        mov es:[si+2],ax
        cli                 ;初始化 8259
        mov al,00010011b
        mov dx,400H
        out dx,al
        mov al,060h
        mov dx,402h
        out dx,al
        mov al,1bh
        out dx,al
        mov dx,402h
        mov al,00H          ;OCW1, 8 个中断全部开放
        out dx, al
        mov dx,400h
        mov al,60H          ;OCW2,非特殊 EOI 结束中断
        out dx, al          ;完成 8259 初始化
        mov al,cnt
        mov dx,0600h
        out dx,al
        sti
    li:                     ;8086 模型有问题，它取得的中断号是最后发到总线上的数据，
                            ;并不是由 8259 发出的中断号，所以造成了要在这里执行 EOI
                            ;的假相，这 3 句与下面的指令效果是一样的。
        mov dx,400H
        mov al,60h          ;如果改为其他值，将出错，因为只有 60H 有中断向量
        out dx, al
        jmp li
        ret
        main  endp
  int0  proc
        cli
        mov al,cnt
        rol al,1
        mov cnt,al
        mov dx,0600h
        out dx,al
        mov dx,400h
        mov al,60H
        out dx, al
```

图 6-18　按键中断实验程序流程图

```
            sti
            iret
  int0      endp
  code      ends
  data  segment
    cnt  db 1
  data  ends
            end start
```

4. 仿真分析与思考

本例仿真中由于要设置中断向量，因此涉及内存单元操作。对此过程的监控可以在仿真运行时选择单步启动，如仿真控制按钮 ▐▶ ，或菜单选项中 Debug→Start/Restart Debugging 命令；然后，选择菜单 Debug→8086→Source Code 命令，从而切换到代码调试窗口。

单步执行的同时，可打开菜单 Debug→8086→Memory Dump 命令，从而可观察中断向量的设置是否成功。

6.5　模数转换——ADC0808 的应用

1. 功能说明

本例用以说明模数转换器件的应用。利用 ADC0808 连续检测可变电阻端电压值，并利用电压表和七段数码管观察输出电压值。该电路用到的仿真元件信息见表 6-5。

表 6-5　　　　　　　　　　　　A/D 转换实验电路元件清单

元件名称	所属类	所属子类	功能说明
8086	Microprocessor Ics	i86 Family	微处理器
74LS373	TTL 74LS series	Flip-Flops & Latches	三态输出的 8 D 透明锁存器
74154	TTL 74 series	Decoders	4—16 译码器
74273	TTL 74 series	Flip-Flops & Latches	8 D 型触发器（带清除端）
ADC0808	Component Mode	DATA CONVERTS	A/D 转换器
POT-HG	Component Mode	Resistors	可调电阻
8255A	Component Mode	Microprocessor ICs	可编程 24 位接口
Oscilloscope	Virtual Instruments Mode		虚拟示波器
AC Voltmeter	Virtual Instruments Mode		数字频率发生源
7SEG-MPX4-CC-BLUE	Component Mode	Optoelectronics	4 位共阴极数码管
NOR	Component Mode	Simulator Primitives	或非门

2. Proteus 电路设计

（1）搭建译码电路。在主电路图中搭建译码电路，如图 6-19 所示。选用 $\overline{IO2}$ 作为 ADC0808 的片选地址线，$\overline{IO4}$ 作为 8255A 片选地址线。

（2）搭建应用电路。应用电路分 A/D 转换电路和电压输出显示电路两部分，如图 6-20 和图 6-21 所示。为仿真简便起见，本实例中 ADC0808 直接连接了数据总线，通道选择也以固定法来选定通道 0；对于 8255A 控制数码管，则选用 PB 口送段码，PC 高 4 位送位码来实现。

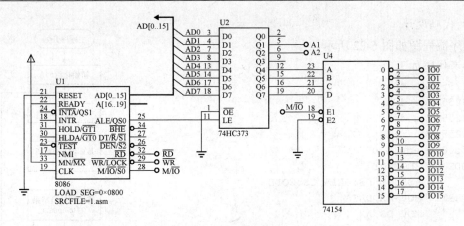

图 6-19 模数转换实验的译码电路原理图

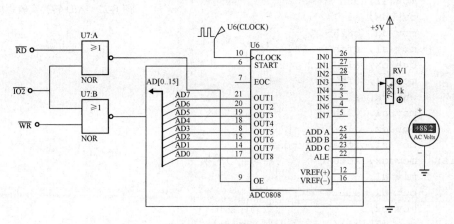

图 6-20 模数 A/D 转换部分电路原理图

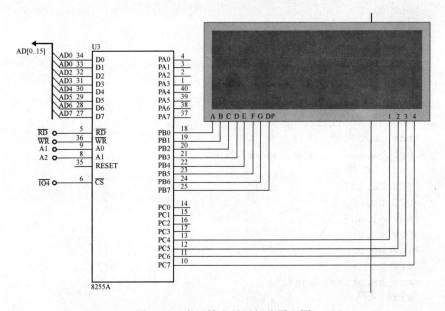

图 6-21 电压输出显示部分原理图

3. 代码设计

程序流程图如图 6-22 所示。

参考代码如下：

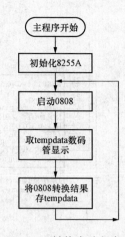

图 6-22 A/D 转换实验程序流程图

```
a8255 equ 40h
b8255 equ 42h
c8255 equ 44h
Q8255 equ 46h
adc0808 equ 20h
CODE    SEGMENT
        ASSUME DS:DATA,CS:CODE
START:  MOV AX,DATA
        MOV DS,AX
        mov dx, Q8255
        mov al, 90h
        out dx, al
        mov dx, c8255
        mov al, 0ffh
        out dx, al
        mov al, 0fh
        out dx, al
        mov al, 0ffh
        out dx, al
        mov si,offset tempdata
here:   mov dx, adc080      ;启动 A/D 转换
        mov al, 0
        out dx, al
        mov cx,5            ;数码管显示
mon:    mov al,[si]         ;取 tempdata
        mov ah,0
        mov bl,51
        div bl
        mov bx,offset segdata
        xlat
        or al,80h
        mov dx, b8255
        out dx, al
        mov al,11011111b
        mov dx,c8255
        out dx,al           ;完成首位显示
        call DELAY_1S
        MOV AL,0ffH         ;清屏
        OUT dx,AL
        mov al,ah
        mov ah,0
        mov bl,5
        div bl
        mov bx,offset segdata
        xlat
        mov dx, b8255
        out dx, al
```

```
            mov al, 10111111b
            mov dx,c8255
            out dx,al              ;完成次位显示
            call DELAY_1S
            MOV AL,0ffH            ;清屏
            OUT dx,AL
            mov al,01111111b
            out dx,al
            mov al,00011100b
            mov dx,b8255
            out dx,al              ;完成单位显示
            call DELAY_1S
            mov dx,c8255
            MOV AL,0ffH            ;清屏
            OUT dx,AL
            call DELAY_1S
            loop mon
            mov dx, adc0808        ;取 A/D 转换的结果
            in al,dx
            mov [si],al            ;存放到 tempdata
            jmp here
DELAY_1S proc
            PUSH BX
            PUSH CX
            MOV BX, 1
LP2:        MOV CX, 10
LP1:        LOOP LP1
            DEC BX
            JNZ LP2
            POP CX
            POP BX
            RET
DELAY_1S endp
CODE    ENDS
DATA    SEGMENT
segdata db 3fh,06h,5bh,4fh,66h,6dh,7dh,07h,7fh,6fh,77h,7ch,39h,5eh,79h,71h
tempdata db 0
DATA    ENDS
            END START
```

4. 仿真分析与思考

（1）本例利用 8086 的 $\overline{WR}$ 和片选线经或非门接 ADC0808 的 START 和 ALE，$\overline{RD}$ 和片选线经或非门接到 ADC0808 的 $\overline{OE}$ 端。一旦 ADC0808 相关的 OUT 指令执行，则 A/D 转换启动；相应地，有 IN 指令执行则 $\overline{OE}$ 有效，0808 有数据输出。

（2）本例的 ADC0808 从启动到转换数据有效不作检测，仅用延时等待 A/D 转换完成。请考虑检测 ADC0808 转换数据有效的查询法实现方案。

（3）本例中数码管的有效数据位为 2 位，与多位电压表显示稍有不同。请考虑 3 位有效位的实现代码。

6.6　数模转换——DAC0832 的应用

1．功能说明

本例用以说明数模转换器件的应用。利用 DAC0832 生成模拟锯齿波，并利用电压表和示波器观察输出电压特性。该电路用到的仿真元件信息见表 6-6。

表 6-6　　　　　　　　　　　D/A 转换实验电路元件清单

元件名称	所属类	所属子类	功能说明
8086	Microprocessor ICs	i86 Family	微处理器
74LS373	TTL 74LS series	Flip-Flops & Latches	三态输出的 8 D 透明锁存器
74154	TTL 74 series	Decoders	4—16 译码器
74LS02	TTL 74 series		与非门
74273	TTL 74 series	Flip-Flops & Latches	8 D 型触发器（带清除端）
7427	TTL 74 series		3 输入与非门
NOT	Component Mode	Simulator Primitives	非门
DAC0832	Data Convertors		D/A 转换器
Switch	Switchs & Relays		开关
1458	Microprocessor ICs		运放
Oscilloscope	Virtual Instruments Mode		虚拟示波器
AC Voltmeter	Virtual Instruments Mode		数字频率发生源

2．Proteus 电路设计

在主电路图中搭建译码电路，如图 6-23 所示。选用 $\overline{\text{IO4}}$ 作为 DAC0832 的片选地址线，可见 DAC0832 的起始地址为 0800H。

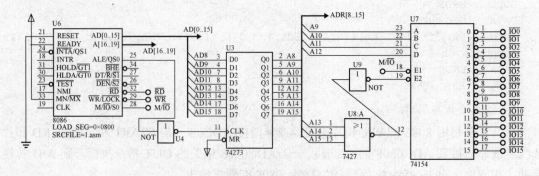

图 6-23　数模转换实验译码电路原理图

利用 DAC0832 搭建 D/A 转换电路，如图 6-24 所示。输出通过放大器 1458 在-5～+5V 变化，并接 AC 电压表和示波器进行仿真观察。

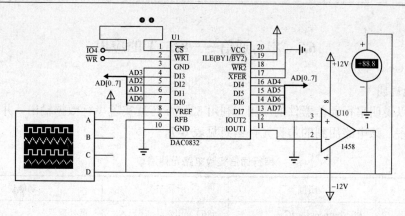

图 6-24　数模转换电路图

3. 代码设计

程序流程图如图 6-25 所示。

参考代码如下：

```
io4=800h
code    segment
        assume cs:code
start:  mov cx,256
        mov al,0
        mov dx,io4
loop1:  out dx,al          ;三角波形上升段
        call delay
        inc al
        loop loop1
        mov cx,256
        mov al,255
        mov dx,io4
loop2:  out dx,al          ;三角波形下降段
        call delay
        dec al
        loop loop2
        jmp start
delay   proc
        push cx
        mov cx,125
        loop $
        pop cx
        ret
delay   endp
code    ends
        end start
```

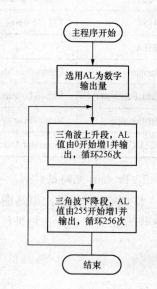

图 6-25　数模转换实验程序流程图

4. 仿真分析与思考

（1）本例代码仅实现三角波输出，试修改程序实现锯齿波、反锯齿波的输出。

（2）试着修改电路和代码，使输出可选择切换波形。

（3）改进输出运放电路，将输出幅值由−5～+5V 变为 0～+5V。

6.7　串行通信——8251A 的应用

1. 功能说明

本例用以说明串行通信器件的应用。利用 8251A 芯片实现串行数据输出，并利用示波器观察输出时序。该电路用到的仿真元件信息见表 6-7。

表 6-7　　　　　　　　　　串行通信实验电路元件清单

元件名称	所属类	所属子类	功能说明
8086	Microprocessor ICs	i86 Family	微处理器
74LS373	TTL 74LS series	Flip-Flops & Latches	三态输出的 8 D 透明锁存器
74154	TTL 74 series	Decoders	4—16 译码器
8251A			串行通信接口
Compim	Component Mode	Miscellaneous	串行接口器件
Virtual Terminal	Virtual Instruments Mode		虚拟串行终端
Oscilloscope	Virtual Instruments Mode		虚拟示波器
DCLOCK	Generator Mode		数字频率发生源

2. Proteus 电路设计

本实例不采用层次电路图，而是直接在主电路图中搭建译码电路，如图 6-26 所示。选用 $\overline{\text{IO3}}$ 作为 8251A 的片选地址线，从而可见 8251A 的数据口地址为 30H，控制口地址为 32H。

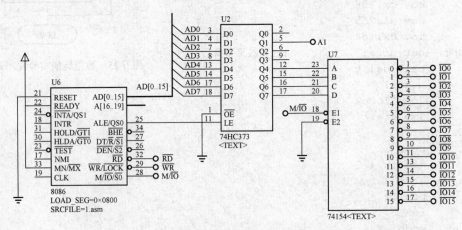

图 6-26　串行通信实验译码电路原理图

在 8251A 的应用电路上，为使实验简单起见，8251A 的晶振频率源和通信频率源均选用了 Proteus 提供的 DCLOCK 实现，连接如图 6-27 所示。设定 8251A 的 CLK 接 1MHz，通信端接 20kHz，采用 1 个停止位、无校验、8 数据位、波特率因子为 1，因此需要设定器件 Compim 和 Virtual Terminal 的工作参数（在原理图编辑窗口单击器件）。

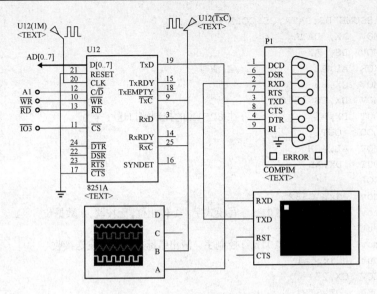

图 6-27　串行通信接口电路原理图

3. 代码设计

程序流程图如图 6-28 所示。

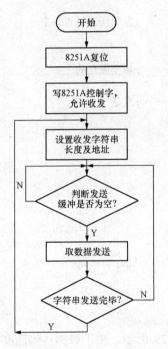

图 6-28　串行通信程序流程图

参考代码如下：

```
CS8251D equ 30h              ;串行通信控制器数据口地址
CS8251C equ 32h              ;串行通信控制器控制口地址
CODE    SEGMENT;
```

```
            ASSUME DS:DATA,CS:CODE
   START:   MOV  AX, DATA
            MOV  DS, AX
   INIT:    XOR  AL,AL              ;AL 清零
            MOV  CX,03
            MOV  DX,CS8251C
   OUT1:    OUT  DX,AL             ;往 8251A 的控制端口送 3 个 0
            LOOP OUT1
            MOV  AL,40H
            OUT  DX,AL
            NOP
            mov  dx, CS8251C
            mov  al, 01001101b ;写模式字。1 停止位,无校验,8 数据位, x1
            out  dx, al
            mov  al, 00010101b ;控制字。清出错标志, 允许发送接收
            out  dx, al
   RE:      MOV  CX,25
            LEA  DI,STR1
   Send:    mov  dx, CS8251C     ;串口发送
            mov  al, 00010101b   ;清出错,允许发送接收
            out  dx, al
            NOP
   WTXD:    in   al, dx
            test al, 1           ;发送缓冲是否为空
            NOP
            jz   WTXD
            mov  al, [DI]        ;取要发送的
            mov  dx, CS8251D
            out  dx, al          ;发送
            push cx
            mov  cx,30h
            loop $
            pop  cx
            INC  DI
            LOOP Send
            JMP  RE
   CODE     ENDS
   DATA     SEGMENT
     STR1 db  'abcd Shanghai of China.'
   DATA     ENDS
            END START
```

4. 仿真分析与思考

（1）示波器运行效果如图 6-29 所示。由于数据传输速度相对仿真的视觉观察较快，因此代码中采用发送延时用以更好地仿真视觉效果，调节延时时间可以控制传输过程中两个字符的发送间隔时间。

（2）考虑仿真简便，在上述代码中未加入数据接收的代码，同时由于仿真过程均在 Proteus ISIS 中完成，未真正调用 PC 串口收发数据，因此电路中 COMPIM 器件在仿真过程中未直接发挥作用。若要完整仿真双机串口通信，可以结合软件 Virtual Serial Port 和"串口助手"来实现。

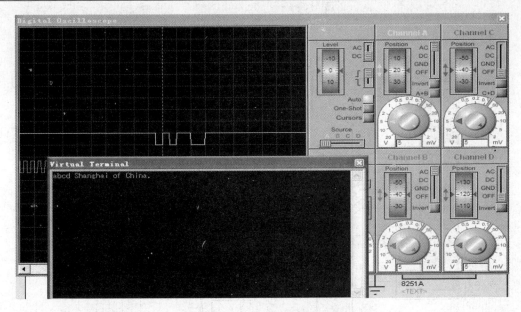

图 6-29　显示器和串口运行结果

6.8　液晶显示的控制——HD44780 的应用

1. 功能说明

本实例利用液晶显示电路，编写程序控制输出显示数字和英文字符。该电路用到的仿真元件信息见表 6-8。本实验的目的是了解字符型液晶显示屏的控制原理和方法，以及了解数字和字符的显示原理。

表 6-8　　　　　　　　　　液晶显示控制实验电路元件清单

元件名称	所属类	所属子类	功能说明
8086	Microprocessor ICs	i86 Family	微处理器
74LS373	TTL 74LS series	Flip-Flops & Latches	三态输出的 8D 透明锁存器
LM032L	Display		20×2 Alphanumeric LCD
74HC138	TTL 74HC series	Decoders	3—8 译码器
74HC00	TTL 74HC series	Nand Gate	两输入与非门

2. Proteus 电路设计

（1）主要知识点概述。理解 44780 控制器的相关原理和控制命令。

（2）实验效果说明。本实验仪采用的液晶显示屏内置控制器为 44780，可以显示 2 行共 32 个 ASCII 字符。有关图形液晶显示屏的命令和详细原理，可参考有关的液晶模块资料。实验效果：液晶动态显示两行 "This is an example!"，"Great!" 字符。Proteus 电路图设计方法如前续章节介绍，这里不再赘述，完成的电路原理图如图 6-30 所示。

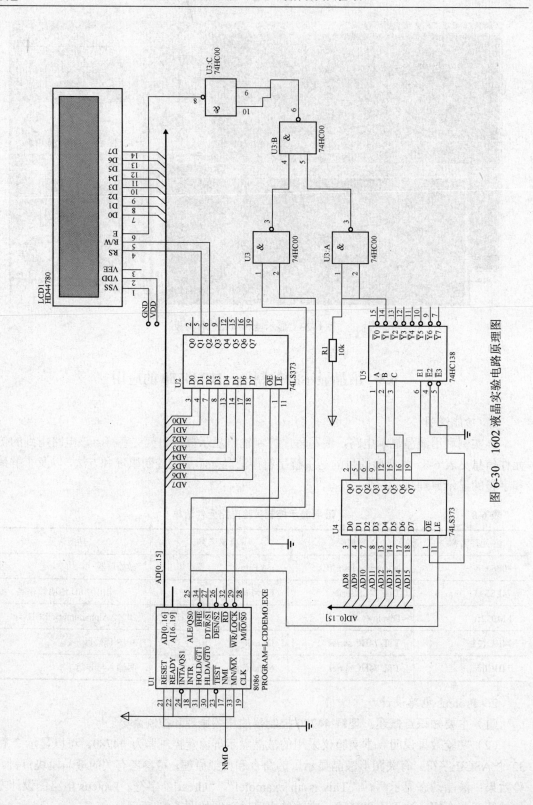

图6-30　1602液晶实验电路原理图

3. 代码设计

本实例的实验程序流程图如图 6-31 所示。

根据流程图编写的参考程序如下。注意：1602 的片选端为 09000H~09FFFH。

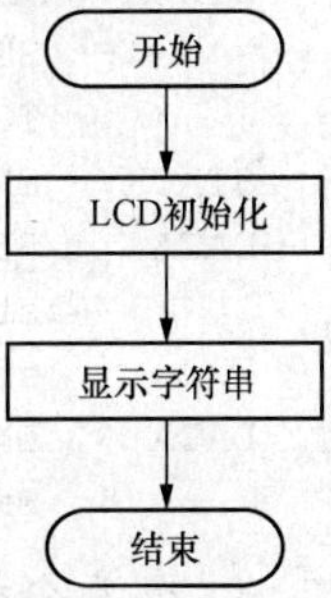

```
CODE SEGMENT 'CODE'
        ASSUME DS:DATA,CS:CODE,SS:STACK
        LCD_CMD_WR   EQU 9000H
        LCD_DATA_WR  EQU  9002H
        LCD_BUSY_RD  EQU  9004H
        LCD_DATA_RD  EQU   9006H
START:  MOV AX,DATA
        MOV DS,AX
        MOV AX,STACK
        MOV SS,AX
        MOV AX,TOP
        MOV SP,AX
        IN AX,DX
        MOV AX,30H
        CALL WRCMD
        MOV AX,38H
        CALL WRCMD
        MOV AX,OCH
        CALL WRCMD
        MOV AX,OIH
        CALL WRCMD
        MOV AX,06H
        CALL WRCMD

MAINLOOP:MOV AX,80H
        MOV CX, 20
        LEA Dl, strl
        CALL WRSTR
        MOV AX, OCOH
        MOV CX, 20
        LEA DI, str2
        CALL WRSTR
        MOV AX, 01H
        CALL WRCMD
        JMP MAINLOOP

WRCMD:  MOV DX, LCD_CMD_WR
        OUT DX, AX
        RET
        ;入口参数：AX 为行地址，第一行地址为 80H，第二行地址为 C0H
        ;CX 为字符数，不超过 20
        ;DI 为字符串首地址
WRSTR:  CALL WRCMD
        MOV DX, LCD_DATA_WR
WRBIT:  MOV AL, [DI]
        OUT DX, AL
        INC DI
```

图 6-31 流程图

```
        LOOP WRBIT
WRRET:  RET
CODE    ENDS

STACK   SEGMENT 'STACK'
        STA     DB 100 DUP(?)
        TOP     EQU LENGTH STA
STACK   ENDS
DATA    SEGMENT 'DATA'
        strl db 'This is an example!'
        str2 db 'Great!'
DATA    ENDS
        END START
```

4. 仿真分析与思考

（1）在图 6-30 中，利用了总线来简化大量连接电线的表述，请根据前续章节，熟练掌握总线、分支线和标号的表达方式。

（2）查阅相关资料，深入掌握与熟悉 LM032L 液晶显示屏的工作原理及编程。

（3）Proteus 是利用电脑虚拟实现电路的仿真。若在实际设计开发板时，则需考虑如何搭配逻辑门来改变液晶屏的片选端。

6.9 LED16×16 点阵显示——74HC373 的应用

1. 功能说明

利用 8086 及 74HC574、74HC373、74HC138、16×16 LED 屏，实现汉字在 LED 点阵中的显示。该电路用到的仿真元件信息见表 6-9。

表 6-9　　　　　　　　　　　LED16×16 点阵显示实验电路元件清单

元件名称	所属类	所属子类	功能说明
8086	Microprocessor ICs	i86 Family	微处理器
74LS373	TTL 74LS series	Flip-Flops & Latches	三态输出的 8 D 透明锁存器
Matrix 8×8 RED	Display		8×8 红色 LED 点阵
74HC138	TTL 74HC series	Decoders	3—8 译码器
74HC574	74HC series		8 路 D 边沿触发器，上升沿触发，三态

2. Proteus 电路设计

Proteus 电路图设计方法如前续章节介绍，这里不再赘述，完成的电路原理图如图 6-32 所示。

3. 代码设计

16×16 点阵共需要 256 个发光二极管组成，且每个发光二极管是放置在行线和列线的交叉点上，当对应的某一列置 0 电平，某一行置 1 电平时，该点亮。其实验程序流程图如图 6-33 所示。

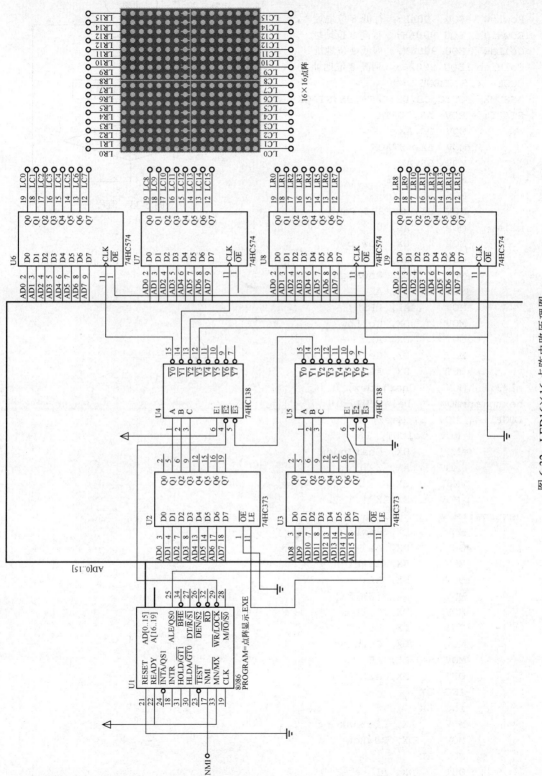

图 6-32　LED16×16 点阵电路原理图

根据流程图编写的参考程序如下：

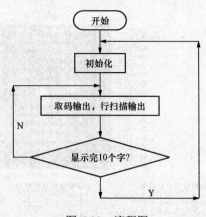

图 6-33　流程图

```
RowLow    EQU  9004H;   行低 8 位地址
RowHigh   EQU  9006H;   行高 8 位地址
ColLow    EQU  9000H;   列低 8 位地址
ColHigh   EQU  9002H;   列高 8 位地址
CODE        SEGMENT
ASSUME    CS:CODE,DS:DATA,SS:STACK
START:    MOV  AX, DATA
          MOV  DS,AX
          MOV  AX, STACK
          MOV  SS,AX
          MOV  AX, TOP
          MOV  SP, AX
          MOV  SI, OFFSET Font
main:     MOV    AL, 0
          MOV    DX, RowLow
          OUT    DX, AL
          MOV    DX, RowHigh
          OUT    DX, AL
          MOV    AL, 0FFh
          MOV    DX, ColLow
          OUT    DX, AL
          MOV    DX, ColHigh
          OUT    DX, AL
n123:     MOV    CharIndex, 0
nextchar:MOV     DelayCNT, 10
LOOPl:    MOV  BitMask, l
          MOV  ColCNT, 16
          MOV    BX, CharIndex
          MOV    AX, 32
          MUL    BX
          MOV    BX,AX
nextrow:  MOV    AL,0FFH
          MOV    DX, RowLow
          OUT    DX, AL
          MOV    DX, RowHigh
          OUT    DX, AL
          MOV    AX, [SI+BX]
          MOV    DX, ColLow
          OUT    DX, AL
          MOV    DX, ColHigh
          MOV    AL, AH
          OUT    DX, AL
          INC  BX
          INC  BX
          MOV    AX, BitMask
          MOV    DX, RowLow
          NOT  AL
          OUT    DX, AL
          MOV    DX, RowHigh
```

```
            MOV     AL, AH
            NOT     AL
            OUT     DX, AL
            MOV     AX, BitMask
            ROL     AX, 1
            MOV     BitMask, AX
            NOP
            DEC     ColCNT
            JNZ     nextrow
            DEC     DelayCNT
            JNZ     LOOP1
            INC     CharIndex           ;指向下一个汉字
            MOV     AX, CharIndex
            CMP     AX,10
            JNZ     nextchar
            JMP     n123
Delay:  PUSH    CX
        MOV CX,1
delayl: LOOP delayl
        POP     CX
        RET
CODE    ENDS
DATA    SEGMENT
   Font:                               ;此后为汉字字符 16×16 点阵，在此不再赘述
   BitMask     DW      1
   CharIndex   DW      1
   DelayCNT    DW      1
   ColCNT      DW      1
DATA    ENDS
   STACK    SEGMENT
   STA      DB  100 DUP(?)
   TOP      EQU LENGTH STA
STACK    ENDS
        END START
```

4. 仿真分析与思考

（1）在本实例程序中的 Font 部分，并没有给出实际的字符点阵。请查阅相关资料，在点阵上显示"中国上海"等字样。

（2）查阅相关资料，深入掌握与熟悉点阵屏的工作原理及编程。

（3）查阅相关资料，了解 74HC574 的工作原理，以及在本实验中的作用。

6.10　直流电动机控制实验——8255A 的应用（PWM 脉宽调制）

1. 功能说明

采用 8255 的 2 个 I/O 口来控制直流电动机，编写程序，其中一个 I/O 口使用脉宽调制（PWM）对电动机转速进行控制，另一个 I/O 口控制电动机的转动方向。该电路用到的仿真元件信息见表 6-10。

表 6-10   直流电动机控制实验电路元件清单

元件名称	所属类	所属子类	功能说明
8086	Microprocessor ICs	i86 Family	微处理器
74HC373	TTL 74HC series	Flip-Flops & Latches	三态输出的 8D 透明锁存器
8255A	Component Mode	Microprocessor ICs	可编程 24 位接口
74HC138	TTL 74HC series	Decoders	3—8 译码器
MOTOR	Active		直流电动机
2SC2547	Bipolar		NPN 三极管

2. Proteus 电路设计

Proteus 电路图设计方法如前续章节介绍，这里不再赘述，完成的电路原理图如图 6-34 所示。通过两个按键 K1、K2 控制直流电动机的正、反转。

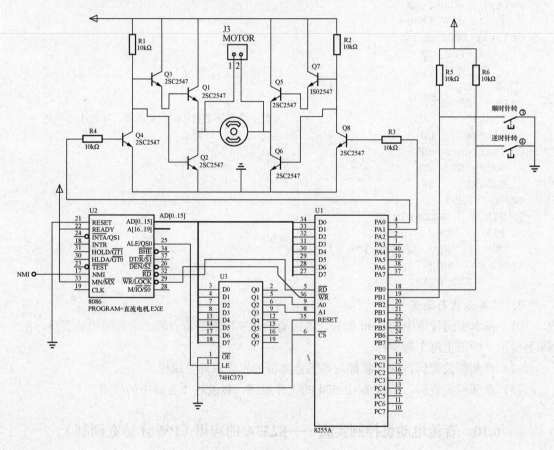

图 6-34 直流电动机电路原理图

3. 代码设计

实验程序流程图如图 6-35 所示。

根据流程图编写的参考程序如下：

```
CODE     SEGMENT 'CODE'
         ASSUME CS:CODE,SS:STACK,DS:DATA
         IOCON     EQU 8006H
         IOA       EQU 8000H
         IOB       EQU 8002H
         IOC       EQU 8004H
START:   MOV AX, DATA
         MOV DS, AX
         MOV AX, STACK
         MOV SS, AX
         MOV AX, TOP
         MOV SP, AX
TEST BU:MOV AL, 82H
         MOV DX, IOCON
         OUT DX,AL
         NOP
         NOP
         NOP
MOT1:    MOV DX, IOA
         MOV AL, 0FEH
         OUT DX, AL
         CALL DELAY
         MOV DX, IOB
         IN  AL, DX
         TEST AL, 02H
         JE MOT2
         MOV DX, IOA
         MOV AL, 0FFH
         OUT DX, AL
         CALL DELAY
         JMP MOT1
MOT2:    MOV DX,IOA
         MOV AL, 0FDH
         OUT DX, AL
         CALL DELAY
         MOV DX, IOB
         IN AL, DX
         TEST AL, 01H
         JE MOT1
         MOV DX, IOA
         MOV AL, 0FFH
         OUT DX, AL
         CALL DELAY
         JMP MOT2
DELAY:   PUSH CX
         MOV CX, 0FH
DELAY1:  NOP
         NOP
         NOP
```

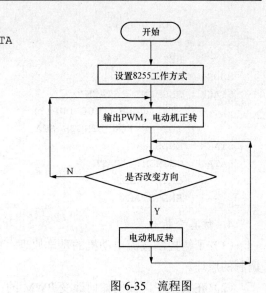

图 6-35　流程图

```
            LOOP DELAY1
            POP CX
            RET
CODE    ENDS
STACK   SEGMENT 'STACK'
            STA    DB  100 DUP(?)
            TOP    EQU LENGTH STA
STACK   ENDS
DATA    SEGMENT 'DATA'
            DATA ENDS
            END START
```

4．仿真分析与思考

（1）了解控制直流电动机的基本原理；掌握控制直流电动机转动的编程方法；了解脉宽调制的原理。

（2）在实验中，我们如何改变 PWM 的占空比，然后查看其对电动机速度的影响。

（3）本实验用到了两个主要知识点是达林顿管的应用、PWM 波的产生方法。请查阅相关资料，学习并掌握此内容。

6.11　步进电动机控制实验——8255A 的应用（环形脉冲控制）

1．功能说明

利用 8255 实现对步进电动机的控制，编写程序，用四路 I/O 口实现环形脉冲的分配，控制步进电动机按固定方向连续转动。同时，要求按下 A 键时，控制步进电动机正转；按下 B 键盘时，控制步进电动机反转。该电路用到的仿真元件信息见表 6-11。通过本实验，了解步进电动机控制的基本原理；掌握控制步进电动机转动的编程方法。

表 6-11　　　　　　　　　　　　直流电动机控制实验电路元件清单

元件名称	所属类	所属子类	功能说明
8086	Microprocessor ICs	i86 Family	微处理器
74HC373	TTL 74HC series	Flip-Flops & Latches	三态输出的 8 D 透明锁存器
8255A	Component Mode	Microprocessor ICs	可编程 24 位接口
74HC138	TTL 74HC series	Decoders	3—8 译码器
Motor-Bldcm	Motor	Animated Brushless DC Motor	步进电动机
ULN2003A	ANALOG		达林顿管阵列

2．Proteus 电路设计

Proteus 电路图设计方法如前续章节介绍，这里不再赘述，完成的电路原理图如图 6-36 所示。通过两个按键 K1、K2 控制步进电动机的正、反转。

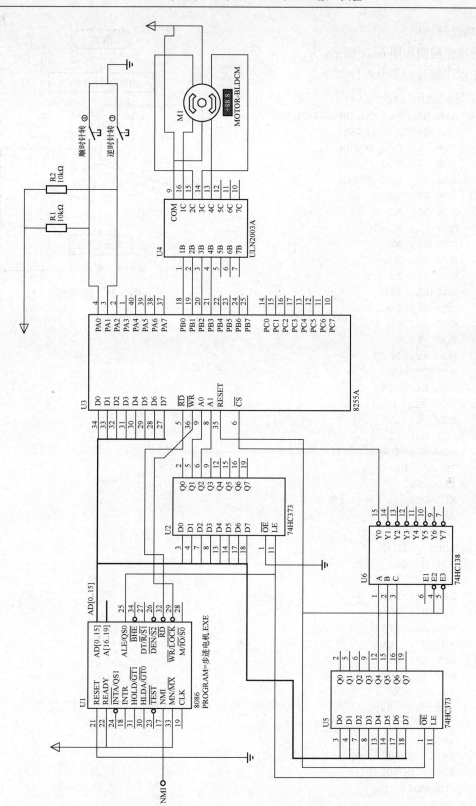

图 6-36 步进电动机电路原理图

3. 代码设计

实验程序流程图如图 6-37 所示。

根据流程图编写的参考程序如下：

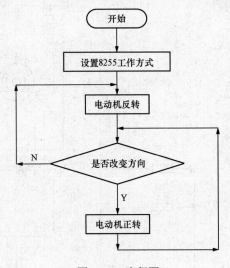

图 6-37　流程图

```
CODE      SEGMENT  'CODE'
          ASSUME CS:CODE,SS:STACK,DS:DATA
          IOCON   EQU 8006H
          IOA     EQU 8000H
          IOB     EQU 8002H
          IOC     EQU 8004H
START:    MOV AX, DATA
          MOV DS, AX
          MOV AX, STACK
          MOV SS, AX
          MOV AX, TOP
          MOV SP, AX
          MOV AL, 90H
          MOV DX, IOCON
          OUT DX, AL
          NOP
          MOV AL, 0FFH
MOT2:     MOV CX, 08H
          LEA DI, STR2
IOLED2:   MOV AL, [DI]
          MOV DX, IOB
          OUT DX, AL
          MOV DX, IOA
          IN AL, DX
          TEST AL, 01H
          JE MOT1          ;为 0
          INC DI
          CALL DELAY
          LOOP IOLED2
          JMP MOT2
MOT1:     MOV CX, 08H
          LEA DI, STR1
          IOLED1:
          MOV AL, [DI]
          MOV DX, IOB
          OUT DX, AL
          MOV DX, IOA
          IN AL, DX
          TEST AL, 02H
          JE MOT2          ;为 0
          INC DI
          CALL DELAY
          LOOP IOLED1
          JMP MOT1
DELAY:    PUSH CX
          MOV CX, 0D1H
DELAY:    NOP
```

```
            NOP
            NOP
            NOP
            LOOP DELAY1
            POP CX
            RET
CODE    ENDS
STACK   SEGMENT  'STACK'
        STA     DB  100 DUP(?)
        TOP     EQU LENGTH STA
STACK   ENDS
DATA    SEGMENT  'DATA'
        STR1    DB  02H,06H,04H,OCH,08H,09H,OIH,03H;控制数据表
        STR2    DB  03H,OIH,09H,08H,OCH,04H,06H,02H;控制数据表
DATA    ENDS
        END START
```

4. 仿真分析与思考

（1）步进电动机驱动原理是通过对每组线圈中电流的顺序切换来使电动机作步进式旋转。切换是通过单片机输出脉冲信号来实现的。所以调节脉冲信号的频率就可以改变步进电动机的转速，改变各相脉冲的先后顺序，就可以改变电动机的转向。步进电动机的转速应由慢到快逐步加速。

电动机驱动方式可以采用双四拍（AB→BC→CD→DA→AB）方式，也可以采用单四拍（A→B→C→D→4）方式。为了旋转平稳，还可以采用单、双八拍方式（A→AB→B→BC→C→CD→D→DA→A）。各种工作方式的时序图（高电平有效）如图 6-38 所示。

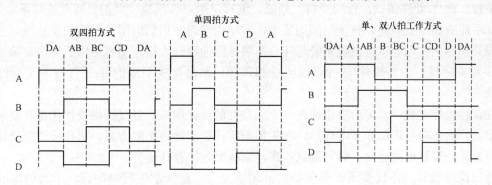

图 6-38　步进电动机时序图

图 6-38 中示意的脉冲信号是高电平有效，但实际控制时公共端是接在 VCC 上，所以实际控制脉冲是低电平有效。

（2）请根据参考程序，自行编写控制步进电动机的启停、快慢、转动方向等程序。

（3）本实验用到的达林顿管 ULN2003A 请查阅相关资料，学习并掌握此内容。

第四部分 课程设计部分

第7章 课程设计的要求

7.1 课程设计的目的和意义

课程设计是培养和锻炼学生在学完重要的课程后综合应用所学的理论知识，解决实际工程设计和应用问题的能力、进行工程实训的重要教学环节，它具有动手、动脑，理论联系实际的特点，是培养在校工科大学生理论联系实际、敢于动手、善于动手和独立自主解决设计实践中遇到的各种问题的一种较好方法。

"计算机硬件技术基础"或"微机原理及应用"是一门应用性、综合性、实践性较强的课程，没有实际的有针对性设计环节，学生就不能很好地理解和掌握所学的技术知识，更缺乏解决实际问题的能力。因此，通过有针对性的课程设计，使学生学会系统地综合运用所学的技术理论知识，将课堂所学的知识和实践有机结合起来，提高学生在微机应用方面的开发与设计本领，系统地掌握微机硬/软件设计方法，提高分析和解决实际问题的能力。

通过设计过程，要求学生熟悉和掌握微机系统的软件、硬件设计的方法、设计步骤，使学生得到微机开发应用方面的初步训练。让学生独立或集体讨论设计题目的系统方案论证设计、编程、软件/硬件调试、查阅资料、绘图、编写说明书等问题，真正做到理论联系实际，提高动手能力和分析问题、解决问题的能力，实现由学习知识到应用知识的初步过渡。通过课程设计使学生熟练地掌握微机系统与接口扩展电路的设计方法，熟练应用汇编语言编写应用程序和实际设计中的硬件/软件调试方法和步骤，熟悉微机系统的硬/软件开发工具的使用方法。

在课程设计过程中，可给学生提出一个综合性的设计题目，且仅提供设计任务和要求，不给出具体的实验原理图和参考程序，学生根据设计要求确定实验方案，选择合适的器件进行电路设计，实现电路连接，编写调试程序，完成给定的设计任务。

通过课程设计，不仅要培养学生的实际动手能力，检验学生对本门课程学习的情况，更要培养学生在实际的工程设计中查阅专业资料、工具书或参考书，掌握工程设计手段和软件工具，并能以图纸和说明书形式撰写设计报告，表达设计思想和结果。还要学生逐步建立科学、正确的设计和科研思想，培养良好的设计习惯，牢固树立实事求是和严肃认真的工作态度。

7.2 课程设计的指导及要求

在课程设计时，2～4人一组，在教师指导下，各组可以集体讨论，但设计报告由学生独立完成，不得互相抄袭。教师的主导作用主要在于指明设计思路，启发学生独立设计的思路，解答疑难问题和按设计进度进行阶段审查。学生必须发挥自身学习的主动性和能动性，主动思考问题、分析问题和解决问题，而不应处处被动地依赖指导老师。同组同学要发扬团队协作精神，积极主动的提出问题、解决问题、讨论问题，互相帮助和启发。

学生在设计中可以引用所需的参考资料，避免重复工作，加快设计进程，但必须和题目的要求相符合，保证设计的正确。指导教师要引导学生学会掌握和使用各种已有的技术资料，不能盲目地、机械地抄袭资料，必须具体分析，使设计质量和设计能力都获得提高。

学生要在老师的指导下制订好自己各环节的详细设计进程计划，按给定的时间计划保质保量地完成各个阶段的设计任务。设计中可边设计边修改，软件设计与硬件设计可交替进行，问题答疑与调试和方案修改相结合，提高设计的效率，保证按时完成设计工作，并交出合格的设计报告。

7.3 课程设计的设计过程

微机应用系统的设计一般可分为硬件设计和软件设计两个部分，从设计草图开始到样机调试成功，常常要将硬件、软件结合起来考虑，才能取得较好的效果。随着系统的用途不同，它们的硬、软件结构各有不同，但系统设计的方法和步骤是基本相同的，其设计过程一般可归纳为下面的 4 个步骤。

1. 确定任务

确定任务如同任何一个新产品设计一样，微机应用系统的设计过程也是以确定应用系统的任务开始的。确定应用系统的功能指标和技术参数是系统设计的起点和依据，它将贯穿于系统设计的全过程，必须认真做好这个工作。在确定任务的阶段中必须明确：

（1）本应用系统需要达到的主要目标是什么；有多少个回路，有几个参数需要进行检测和控制？检测和控制的精度为多少？

（2）本应用系统有多少输入信号和输出信号；输入信号的形式和电压等级及变化频率情况，输出信号的形式，电压等级和驱动功率有何要求？

（3）本应用系统需要提供哪些人机对话功能，如小键盘要多少个按钮，显示器应有几位等。

（4）本应用系统的工作环境情况，如温度、湿度、供电质量、电磁干扰等，是否需要采用特殊的安全保护和抗干扰措施。

（5）本应用系统的经济指标，特别是对新产品的开发，应当综合考虑成本、可靠性、可维护性以及经济效益和社会效益，并参考国内外同类产品的资料，提出比较合理的技术指标，使所开发的产品具有最佳的性能价格比。

2. 总体设计

本阶段的任务便是通过调查研究，查阅资料来初定系统结构的技术指标和总体方案，其中主要涉及硬件和软件的功能划分。

应用系统中硬件和软件具有一定的互换性，即某些功能既可能硬件实现，也可以软件来完成。一般来说，用硬件实现的优点是可以提高工作速度，但是电路复杂，增加了硬件成本，而用软件代替某些硬件的功能可以使电路简化，降低硬件成本，但软件工作量增大。

总体设计时，必须在硬件和软件之间权衡，分工明确，然后分头开始设计。

3．硬件设计过程

（1）将整个硬件系统划分为若干功能单元电路（如 ROM、RAM、I/O 接口、其他外围设备等），绘出整个系统逻辑电路图，注明各单元电路间接口信号，并画出一些重要控制信号的时序图。

（2）完成各单元电路设计，包括选择合适的各类元器件和电路板设计（元器件布局和走线等）。

（3）各单元电路板装配、分调。

（4）整个硬件联机调试、完成后再与软件联调。

4．软件设计过程

软件设计过程如下。

（1）采用模块化程序结构设计软件，首先将整个软件分成若干功能模块。

（2）对各模块设计写一个详细的程序流程图。

（3）根据流程图，编写源程序。

（4）上机调试各模块程序。

（5）各程序模块联调。

（6）与硬件一起联调，最后完成全部调试工作。

7.4　课程设计的组织形式及设计步骤

（1）分组。每 2～4 人一组，每组选一个题目，分工协作，共同设计，从而实现一个设计任务。每组学生推选或由学生指定 1 名组长，组长负责本组设计任务的分配，协调成员之间的设计进度；各小组独立设计、编程、调试和验证所设计逻辑电路，最后每组的所有成员都应有自己的成果和报告。

（2）选题。课程设计中教师可提供一些题目供学生选择，每组学生可任选其中的一个题目，学生也可自行确定设计题目。

（3）方案设计。学生围绕自己的题目检索收集资料，进行调研，提出系统总体方案设计，选择最优方案。

（4）软/硬件系统的设计与调试。总体方案确定后，设计完成硬件原理图，并在试验应用板上或 Proteus 仿真环境中连接好硬件系统；设计完成软件程序流程，并编写出相应的程序；完成软/硬件系统的联机调试，实现选题的设计目标。

（5）课程设计说明书的编写。学生根据自己的题目撰写课程设计说明书，陈述设计思想和解决问题的方案、方法，画出系统原理电路图、程序流程图，写出调试结果及分析，并附上参考文献和汇编程序清单。

（6）验收与评分。指导教师对每个小组开发的系统，及每个成员开发的模块进行综合验收，结合设计报告，根据课程设计成绩的评定方法评出成绩。

7.5　课程设计的时间进度安排

设计任务书由教师在第 10～18 周课程设计正式开始之前下发给学生，并由学生结合所学习内容开始课程设计的准备工作，教师根据学生要求给予设计指导，在第 19 周或 20 周学生集中正式开始做课程设计 1 周。具体时间安排见表 7-1。

表 7-1 课程设计时间安排表

	第 10～18 周	第 1 天	第 2 天	第 3 天	第 4 天	第 5 天
具体设计任务	学生自由分组，组长负责组内分工；设计题目在课程设计开始之前下达给学生。学生在学习好正常的教学课程情况下，结合已经学习过的技术知识，利用课余时间熟悉设计题目，查阅相关资料，确定总体方案，软、硬件功能划分，硬件接口原理图设计，程序设计等工作，为课程设计提前做好准备工作；任课教师进行不定时的给予辅导，使教学和课程设计的部分工作同步完成	各小组讨论设计任务，完成设计方案，完成硬件电路设计，并交硬件电路设计图；教师检查后返给学生，如有错，讲解后学生继续修改后上交；写硬件设计说明和报告	学生上机开始调试设计的软件；各设计小组交软件清单和软件说明；教师检查后返给学生，如有错，讲解后学生继续修改再交	各小组上机调试所编软件，按实验设备的接口要求转换程序接口；教师检查学生程序是否能在实验设备上或者 Proteus 环境下正确运行；学生撰写设计报告	没有调通软件的组继续调试。调试通过的组撰写软件注释和说明书，并组织设计报告；教师检查学生的设计报告	每位同学做课程设计答辩说明，并解释设计方案和硬、软件设计的过程；教师接收学生的设计报告，给出课程设计成绩

7.6 课程设计的答辩

课程设计完成后，每位同学单独答辩。答辩时间 15～20min，介绍课程设计内容，基本工作原理，主要工作成果、 结论，实事求是地回答指导教师提出的问题。

7.7 课程设计的考核方法及成绩评定标准

考核内容主要包括学习态度、选题合理性、方案正确性、设计成果水平、设计报告质量及答辩情况等多个环节综合评定。成绩评定可按优（90～100 分）、良（80～89 分）、中（70～79 分）、及格（60～69 分）和不及格（0～59 分）5 级记分制评定，也可以百分制评定。课程设计的评分标准见表 7-2。

表 7-2 课程设计的评分标准

评 定 项 目	评分成绩
1．学习态度（出勤情况、平时表现等）（10 分）	
2．选题合理性、目的明确性（10 分）	
3．设计方案正确，具有可行性、创新性、先进性和实用性（20 分）	
4．设计成果水平（设计计算和选型的合理性、硬件实现性、软件可阅读性、功能扩充性及演示效果等）（25 分）	
5．设计报告质量（规范化、质量、页数及参考文献数目）（15 分）	
6．答辩情况（20 分）	
总分（100 分）	

表 7-2 的评分标准具体说明如下：

（1）优秀（90～100 分）。按设计任务书要求圆满完成规定任务；综合运用知识能力和实践动手能力强，硬、软件设计方案合理，实验效果好；设计态度认真，独立工作能力强，并具有良好的团队协作精神。设计报告条理清晰、论述充分、图表规范、符合设计报告文本格式要求。答辩过程中，思路清晰、论点正确、对设计方案理解深入，问题回答正确。

（2）良好（80～89 分）。按设计任务书要求完成规定设计任务；综合运用知识能力和实践动手能力较强，硬、软件设计方案较合理，实验效果较好；设计成果质量较高；设计态度认真，有一定的独立工作能力，并具有较好的团队协作精神。设计报告条理清晰、论述正确、图表较规范、符合设计报告文本格式要求。答辩过程中，思路清晰、论点基本正确，对设计方案理解较深入，主要问题回答基本正确。

（3）中等（70～79 分）。按设计任务书要求完成规定设计任务；能够一定程度地综合运用所学的知识，硬件及软件设计基本合理，有一定的实践动手能力，设计成果质量一般；设计态度较认真，设计报告条理基本清晰、论述基本正确、文字通顺、图表基本规范、符合设计报告文本格式要求，但独立工作能力较差；答辩过程中，思路比较清晰、论点有个别错误，分析不够深入。

（4）及格（60～69 分）。在指导教师及同学的帮助下，能按期完成规定设计任务；综合运用所学知识能力及实践动手能力较差，设计方案基本合理，设计成果质量一般；独立工作能力差；或设计报告条理不够清晰、论述不够充分但没有原则性错误、文字基本通顺、图表不够规范、符合设计报告文本格式要求；或答辩过程中，主要问题经启发能回答，但分析较为肤浅。

（5）不及格（60 分以下）。未能按期完成规定设计任务；不能综合运用所学的知识，实践动手能力差，设计方案存在原则性错误，计算、分析错误较多；或设计报告条理不清、论述有原则性错误、图表不规范、质量很差；或答辩过程中，主要问题阐述不清，对设计内容缺乏了解，概念模糊，问题基本回答不出。

特别说明：如发现抄袭，按照不及格处理；在集中调试期间，学生不得无故请假或缺勤，缺勤累计达 1/3 者，指导教师可直接定为设计成绩不及格。

7.8　课程设计的报告内容及格式要求

学生完成课程设计时需要提交课程设计报告（也称说明书）。课程设计报告是学生所作课程设计的总结和说明文件，其目的是使学生在完成设计、安装、调试后，在归纳技术文档、撰写技术总结报告方面得到训练。通过撰写课程设计报告，不仅可以把设计、调试过程进行全面总结，还可以把实践内容提升到理论高度。课程设计报告应反映出作者在课程设计过程中所做的主要工作及主要成果，以及作者在课程设计过程中的经验教训，并在指定时间交给指导老师。设计报告总篇幅一般不超过 30 页。

7.8.1　课程设计报告的主要内容
课程设计报告的主要内容如下。

（1）封面。包括课程设计题目、姓名、学号、班级、指导教师、完成日期。

（2）目录。包括课程设计题目、章节名称等。

（3）正文，包括

1）设计的任务及技术要求。对所选题目做问题分析，明确设计的基本内容、主要功能和设计思路，以及小组内自己所分配到的设计任务等。此项任务与要求也可由指导教师在选题时直接提供给学生。

2）总体方案设计分析及讨论。给出总体初步设计方案并阐述理由，比较和选定设计的系统方案，画出系统功能框图。

3）硬件设计及分析。说明各部分电路的设计思想及功能特性，画出完整的电路原理图、硬件连接图（最好使用电子设计软件绘制），列出系统需要的元器件，并说明电路的工作原理。

4）软件设计及分析。画出各模块程序及完整程序的软件流程图，给出程序清单，汇编语言源程序必须加必要的注释说明。

5）调试及实施结果。调试硬件与软件，给出程序运行界面、实验装置运行结果照片等。

6）总结与评价。总结与分析本设计的实用价值、功能、精度、特点，设计中所遇到的问题和解决方法、设计中创新及得意之处、设计中存在的不足及改进方案。

（4）心得体会。总结本人在设计、安装及调试过程中的收获、体会以及对设计过程的建议等。

（5）参考文献。参考文献必须是公开发表的、学生在课程设计中真正阅读过和运用过的，参考文献按照在正文中的出现顺序排列，正文中应按顺序在引用参考文献处的右上角用"[]"标明，"[]"中的序号与参考文献中的序号一致。文献作者前 3 名全部列出，超过 3 人时加"等"字，各类文献的具体书写格式如下：

1）期刊类。

序号 作者 1，作者 2，作者 3，等. 题名[J]. 刊名，出版年，卷号（期号）：起止页码.

2）图书。

序号 作者. 书名[M]. 版次（第 1 版不注）. 出版地：出版者，出版年.

3）学位论文。

序号 作者. 题名[D]. 保存地点：保存单位，年限.

4）论文集。

序号 作者. 题名[A]. 主编者. 论文集名[C]. 出版地：出版者，出版年. 起止页码.

7.8.2 写作格式要求（撰写规范）

写作格式要求如下。

（1）每个学生必须独立完成课程设计报告。

（2）课程设计报告要有完整的格式，包括封面、目录、正文、体会、参考文献等主要部分。

（3）报告有统一封面，其上注明课程设计课题名称、专业、班级、姓名、学号、同组设计者（姓名及学号）、指导教师、设计时间等完整信息。表 7-3 为课程设计报告封面的参考格式。

（4）课程设计报告书写规范、文字通顺、内容充实、图表清晰、数据完整、结论正确。

（5）课程设计报告的排版要求：正文（题目）3 号（或小 2 号）宋体加粗，正文一级标题 4 号宋体加粗，正文二级标题小 4 号加粗，正文中文宋体小 4 号，英文用 Times New Roman，单倍行距，正文要有页码。程序用 5 号 Times New Roman，程序以附录的形式附在最后。章：1.，节：1.1、1.2，小节：1.1.1，页面设置：上 2.5cm、下 2.5cm，左、右均 2.5cm。

（6）报告用 A4 纸打印，装订采用左侧竖装订，按课程设计报告封面、目录、正文、体会、参考文献等的次序装订成册；课程设计报告书字数不低于 5000 字。学生除上交报告的打印稿以外，应同时将最终定稿的电子文档一并拷到指导教师的电脑里。

表 7-3　　　　　　　　　　　课程设计报告封面的参考格式

课程设计的题目名称	
姓名	
学号	
班级	
校、院、系	
专业、年级	
同组设计者（姓名及学号）	
指导教师	
设计时间	年　　月　　日

第8章 课程设计的课题及举例

8.1 课程设计的出题原则

根据教学大纲对本门课程的教学要求和所讲授的课程内容，结合现有的教学实验设备和能力，按照课程设计的目的和作用所提出的要求，选择符合教学内容、符合学生水平、符合实验室条件，综合本门课的全部或主要知识，难易适中，使学生能在规定的时间内通过集体讨论、查阅资料后可以完成课题。

课程设计的课题应既能贴近工程应用实际，又能兼顾学生的兴趣，指导教师可结合课程设计的要求来指定，也可先由学生自选再由指导教师做适当调整来确定。课程设计的题目应充分考虑各专业的共性和专业特点，内容丰富，并给学生留有充分发挥的余地。每个课题都要求以 8086/8088 为处理器，综合应用所学过的接口芯片及存储器为外围扩展器件，把软、硬件结合起来，设计出一套功能较完善、小规模的并具有一定实用价值的微机应用系统，从而体现出既强化本学科内容，又扩展知识面的特点。

8.2 课程设计的参考题目

本课程设计要求学生设计一个汇编语言或微机应用系统，完成相对完整的测试、控制任务。学生可自主选择规定的参考题目，也可以自定题目（须经指导老师审查）。在下面的参考题目中，只提出最基本设计内容，学生也可以下面的题目为基础，进一步构思，完成有特色的个性化设计。课程设计的参考选题如下。

8.2.1 汇编语言设计题目

下面的汇编语言设计题目完全可用汇编语言在计算机上实现，不需在专门的硬件实验板上或者 Proteus 环境下实现。

题目 1 十进制数转换成二进制数。要求：提示输入一个十进制数；输入任意数字 int1，单击 Enter 结束输入，输出 int1 的二进制代码；单击 Enter 程序退出。

题目 2 十进制数转换成十六进制数。要求：从键盘输入一个十进制数，转换成十六进制数，并显示出来。需要检测输入一个规范的十进制数。

题目 3 十六进制数转换成十进制数。要求：从键盘输入一个十六进制数，转换成十进制数，并显示出来。需要检测输入一个规范的十六进制数。

题目 4 字符串大写字母转换为小写。要求：提示输入字符串；输入任意字符串 String，单击 Enter 结束输入；将字符串 String 中的大写字母转换为小写字母输出；单击 Enter 程序退出。

题目 5 字符串小写字母转换为大写。要求：将键盘输入的小写字母用大写显示出来，若输入的是非字符，显示 NON CHAR。

题目 6 将用户输入的华氏温度转换为摄氏温度。要求：提示输入一个整数；键盘输入，Enter 键结束输入，并换行显示结果。

题目 7 完成一个字母或数制之间的转化程序。主程序分别具有 5 种可选择的子功能，按相应的字符可分别进入相应的子功能并在屏幕上显示结果，按 "q" 键退出。5 种可选择的子功能分别为：①实现小写字母向大写字母的转换；②实现大写字母向小写字母的转换；③实现二进制数向十六进制数的转换；④实现十六进制数向二进制数的转换；⑤实现十六进制数向十进制数的转换。

题目 8 计算字符串长度。从键盘输入一行字符，计算出该字符串的长度。要求：提示输入一行字符串；键盘输入字符串，Enter 键结束输入，并换行显示计算结果。

题目 9 统计字符数。从键盘输入一行字符，统计字母、空格、数字、其他字符的个数，并显示。要求：提示输入一行字符串； 键盘输入字符串，Enter 键结束输入，并换行显示结果。

题目 10 查找字符串中的指定字符。要求：①做一个操作界面，提示操作：输入一串字符串、输入所查找的字符或字符串等；②显示出查找到的数目；③用不同颜色或闪烁标示出所找到的字符或字符串。

题目 11 编密码。按一下规律编码：字母 A 变为 E，a 变为 e，即变成其后的第 4 个字母，W 变为 A，Y 变为 C，Z 变为 D，非字母不变。如输入 "China" 变为 "Glmre"。要求：提示输入一字符串；键盘输入，Enter 键结束输入，并换行显示结果。

题目 12 去除字符串中的某个字符。要求：提示输入字符串；输入任意字符串 String，单击 Enter 结束输入；提示输入字符；输入任意字符 ch，单击 Enter 结束输入，将字符串中字符 ch 去除，输出变化后的字符串 String2，单击 Enter 程序退出。

题目 13 从字符串中截取指定长度的字符子串。要求：提示输入字符串；输入任意字符串 String，单击 Enter 结束输入；提示输入数字；输入任意数字 int，单击 Enter 结束输入；截取 String 的前 int 位输出；单击 Enter 程序退出。

题目 14 将字符串补齐为某个特定长度。要求：提示输入字符串；输入任意字符串 String，单击 Enter 结束输入；提示输入数字；输入任意数字 int，单击 Enter 结束输入；提示输入字符；输入任意字符 ch，单击 Enter 结束输入，如果字符串 String 长度大于 int，则截取 String 的前 int 位输出；如果字符串 String 长度小于 int，则在 String 后面添加字符 ch，直至使字符串长度等于 int；如果字符串 String 长度等于 int，则直接输出字符串。单击 Enter 程序退出。

题目 15 成绩转换。给出一个百分制成绩，输出成绩等级 A、B、C、D、E。90 分以上为 A，80～89 分为 B，70～79 分为 C，60～69 分为 D，60 分以下为 E。要求：提示输入某分数 Score；键盘输入，Enter 键结束输入，并换行显示结果。

题目 16 成绩统计。输入 10 个学生的成绩后，依次在界面上显示：及格人数 x 个，不及格人数 y 个。要求：提示输入 10 学生成绩 Score，成绩之间空格隔开，键盘送入；换行输出 "10 学生成绩分别为……" 换行显示结果：及格人数 x 个，不及格人数 y。

题目 17 成绩统计系统设计。学生综合素质成绩统计系统中包括德育成绩、体育成绩、理论课成绩与实践课成绩 4 项，学生综合素质成绩为上述 4 项的加权成绩。基本要求：设计加权比例固定的学生综合素质成绩统计系统，其中德育成绩 10%，体育成绩 10%，理论课成绩 50%，实践课成绩 30%。当录入德育成绩、体育成绩、理论课成绩与实践课成绩时，自动算出综合成绩。提高要求：设计加权比例可调的学生综合素质成绩统计系统。附加要求：在该系统中增加按姓名与学号查找的功能。

题目 18　竞赛计分程序设计。设有 10 个评委给参赛的选手评分，分数是从键盘上输入的 10 个十进制数。要求：①把输入的十进制数转换成二进制数，并求出最大数和最小数；②求出 10 个数的总和，减去最大数和最小数，求出平均值；③将二进制的平均值转换为十进制，并在屏幕上显示十进制的结果。提示：利用 DOS 系统调用的 09 号中断，在屏幕上显示提示语句，要求输入 10 个分数；利用 02 号中断功能可在屏幕上显示 ASCII 码数据。

题目 19　学籍管理系统设计。设计一个 30 名学生成绩管理系统，完成 6 门课程考核成绩的录入、修改和删除操作。具体要求：①30 名学生 6 门课程考试成绩的录入、修改和删除；②按姓名查询每个学生各门课程的成绩；③显示并打印查询结果；④统计全班每门课程各分数段的人数（100～90 分、89～80 分、79～70 分、69～60 分、59～0 分），并给出每门课程的最高分和最低分；⑤计算每门课程的平均成绩。

题目 20　字符串比较。比较两个输入的字符串是否完全相同，是则显示 YES，否则显示 NO。要求：提示输入字符串 1；输入字符串 1，Enter 键结束输入并换行；提示输入字符串 2；输入字符串 2，Enter 键结束输入并换行；显示判断结果。

题目 21　数值比较。要求：提示输入数字 1；输入任意数字 int1，单击 Enter 结束输入；提示输入数字 2；输入任意数字 int2，单击 Enter 结束输入。如果 int1 大于 int2，则输出 "int1>int2"；如果 int1 等于 int2，则输出 "int1=int2"；如果 int1 小于 int2，则输出 "int1<int2"；单击 Enter 程序退出。

题目 22　字符串反序排列。要求：提示输入一行字符串；键盘输入字符串，Enter 键结束输入，并换行显示结果。

题目 23　数组排序。数据段里有一个 N 个字的数组 A，利用冒泡排序法对数组进行从大到小的排序，并输出结果。要求：读出数据段中存放的数组 A；换行显示排序后的数组 A。

题目 24　字符排序及显示。要求：①菜单包括输入字符串、排序字符串、显示字符串、显示排序后字符串和退出；②输入字符串选择该项后，可以输入一个字符串。该字符串作为原始数据保存在一个存储区；③排序字符串对输入字符串进行排序，存入另外一个存储区，并显示排序花费时间；④可以显示源字符串及排序后的字符串，按照列显示，从上到下显示；⑤在主菜单中选择退出项，结束程序返回 DOS。

题目 25　人名排序程序。要求：从键盘接收 10 个人名，人名由 4 个字母构成。按字母上升次序显示所输入的人名，每一个人名占一行。

题目 26　显示要求的自然数。要求：让计算机屏幕输出 40 个自然数来，使得其中任意两个数之差均不相等。

题目 27　查表。将键盘输入的数字月份查表后显示出相应英文字母的缩写形式。要求：提示输入一个月份数字 N；从键盘输入数字，Enter 键结束输入，并换行显示查表结果。

题目 28　数值求和。要求：提示输入数字；输入任意数字 int，单击 Enter 结束输入；输出 "1+2+3+…+int" 的值；单击 Enter 程序退出。

题目 29　整数除法。要求：提示输入被除数；输入被除数 int1，单击 Enter 结束输入；提示输入除数；输入除数 int2，单击 Enter 结束输入；输出商和余数；单击 Enter 程序退出。

题目 30 质数判断。要求：提示输入数字；输入任意数字 int1，单击 Enter 结束输入；如果 int1 是质数，则输出 int1 is aprime number；如果 int1 不是质数，则输出 int1 is not aprime number；单击 Enter 程序退出。

题目 31 闰年判断。要求：提示输入年份；输入 4 位数字 int1，单击 Enter 结束输入；如果 int1 表示的年份是闰年，则输出 int1 years is a leap year，如果 int1 表示的年份不是闰年，则输出 int1 years is not a leap year；单击 Enter 程序退出。

题目 32 编写程序求函数值。有一函数 $y=x$ ($x<1$)，$y=2x-1$ ($1 \leqslant x < 10$)，$y=3x-11$ ($x \geqslant 10$)，编写程序，实现输入 x 值，输出 y 值。

题目 33 把 100～200 之间不能被 3 整除的数输出。要求：提示数据范围为 100～200；Enter 键换行显示结果。

题目 34 用循环程序，显示乘法表。要求：输入 0～10 之间的数值 a，显示 1～a 值的乘法表。

题目 35 三角形判断。输入 a、b、c 三边后，判断是否能构成三角形，如能构成三角形，输出三角形的周长，否则输出 ERROR。要求：提示输入三角形三边长度 a b c；键盘输入，中间空格隔开；Enter 键结束输入，并换行显示判断结果。

题目 36 要求用户从键盘输入一个不超过 5 位的整数，计算并输出该数的各位之和。要求：提示输入一个十进制数；键盘输入，Enter 键结束输入，并换行显示结果。

题目 37 计算并打印杨辉三角形。打印到第 N 行，N 由键盘输入。要求：提示输入一个整数 N；键盘输入，Enter 键结束输入，并换行显示结果。

题目 38 求两个正整数 N_1 和 N_2 的最小公倍数。要求：提示输入两个十进制正整数；键盘输入，两整数之间空格隔开，Enter 键结束输入，并换行显示结果。

题目 39 求两个正整数 N_1 和 N_2 的最大公约数。要求：提示输入两个十进制正整数；键盘输入，两整数之间空格隔开，Enter 键结束输入，并换行显示结果。

题目 40 打印回文数。如果一个数从左边和从右边读都是相同的数，就称它为回文数，例如 383。求出 500 以内的回文数并输出显示。要求：提示数据范围为 0～500；按 Enter 键，换行显示结果。

题目 41 计算平方根。从键盘输入一个正整数，计算其平方根并输出。要求：提示输入一个整数；键盘输入，Enter 键结束输入，并换行显示结果。

题目 42 屏幕输出 10～200 之间的孪生素数对。孪生素数对指两值相差 2 的一对素数，如 11 与 13。

题目 43 输出满足条件的数。输出 1000 以内同时满足如下条件的数：个位数与十位数之和除以 10 所得的余数等于百位数字。

题目 44 打印输出所有水仙花数。水仙花数：3 位数，其各个位数的立方和为数字本身。要求：提示"Enter 键输出所有水仙花"；Enter 键，换行显示结果。

题目 45 输出完数。一个数如果恰好等于它的因子之和，这个数就称为"完数"。例如 6 的因子为 1、2、3，且 6=1+2+3，因此 6 为完数。编程找出 10 000 以内所有完数并输出。要求：提示"Enter 键输出 10 000 以内的所有完数"；按 Enter 键，换行显示结果。

题目 46 输出满足条件的数。求具有 abcd=(ab+cd)^2 性质的 4 位数并输出。例如 3025=$(30+25)^2$。要求：按 Enter 键，输出所有结果。

　　题目 47　输出两个数的平方差。求出两个数的平方差，若是负数，要输出负号。要求：由键盘输入两整数 a、b，中间空格隔开；按 Enter 键结束输入，并换行显示结果。

　　题目 48　按下列要求编程：①从键盘输入一个字符串（串长不大于 80）；②以十进制输出字符串中非字母字符的个数（不是 a to z 或 A to Z）；③输出原字符串且令非字母字符闪烁显示；④找出字符串中 ASCII 码值最大的字符，在字符串中用红色显示；⑤字符串的输入和结果的输出都要有必要的提示，且提示独占一行；⑥要使用到子程序。

　　题目 49　按下列要求编程：①输入两个小于 100 的十进制正整数；②求出这两个数的所有公约数；③求出这两个数的平方差，若是负的要输出负号；④计算两个数各占和的百分比，并且按照"%"的格式输出（小数点后保留两位）；⑤数据的输入和结果的输出都要有必要的提示，且提示独占一行；⑥要使用到子程序。

　　题目 50　按下列要求编程：①从键盘输入两个 4 位十六进制数；②将这两个数以二进制形式输出，要求输出的 0 和 1 颜色交替变化；③找出这两个数中的偶数，若有则以十进制输出，若无，则输出"NO"；④计算这两个数的平方和；⑤数据的输入和结果的输出都要有必要的提示，且提示独占一行；⑥要使用到子程序。

　　题目 51　从键盘输入一个以回车结束的十进制数字串（不超过 20 个）。要求：①按 ASCII 码值的降序显示这个数字串中 ASCII 码值最大和最小的两个数字；②以十进制形式显示数字串中所有数字的和；③以十进制形式显示数字串中最大数与最小数的乘积；④对数字串进行处理，使每个字符在字符串中只出现一次；⑤数据的输入和结果的输出都要有必要的提示，且提示独占一行；⑥要使用到子程序。

　　题目 52　从键盘输入一个 4×4 的矩阵。要求：①每个元素都是 4 位十进制数；②在屏幕上输出该矩阵和它的转置矩阵；③输出这两个矩阵的和（对应元素相加）；④数据的输入和结果的输出都要有必要的提示，且提示独占一行；⑤要使用到子程序。

　　题目 53　从键盘输入一个 4×4 的矩阵。要求：①每个元素都是 4 位十进制数；②计算该矩阵的主对角元素之和；③求出该矩阵的鞍点（该元素在行上最大，在列上最小）并在原矩阵中闪烁显示；④数据的输入和结果的输出都要有必要的提示，且提示独占一行；⑤要使用到子程序。

　　题目 54　求 100 以内的素数。要求：①以十进制输出这些素数，每行 10 个，每输出一个素数都要有数秒的停顿；②统计这些素数的个数，以十进制形式输出；③计算这些素数之和，以十进制形式输出，并让该和闪烁 3 次；④数据的输入和结果的输出都要有必要的提示，且提示独占一行；⑤要使用到子程序。

　　题目 55　求 100 以内的素数。要求：①用筛法求出这些素数；②在屏幕上显示出求素数的动态过程（在屏幕上先显示出 100 以内的所有数，再动态地删去不符合要求的数，删除的过程要明显）；③计算这些素数的平均值（取整，四舍五入），以十进制形式输出，并让该值以红色显示；④数据的输入和结果的输出都要有必要的提示，且提示独占一行；⑤要使用到子程序。

　　题目 56　数字钟设计。要求：在屏幕上显示分:秒（mm:ss）。按下非空格键开始计时，并显示 00:00，每过 1s，ss 增 1，到 60s，mm 增 1，到 60min，就是 1h。经过 1h 后又回到 00:00 重新计数。当按下空格键时，程序返回 DOS，数字钟消失。

　　题目 57　定时程序设计。要求：在屏幕上显示一数字时钟，能够实现时间的校准，能够实现定时，即当定时时间到后计算机的 Beep 喇叭给出提示。

题目 58　中断处理程序设计。编写一个中断处理程序，要求在主程序运行过程中，每隔 20s 响铃一次，同时在屏幕上显示信息 The bell is ring!，按键后恢复原状。

题目 59　信息检索程序设计。在数据区，有 9 个不同的信息，编号 0～8，每个信息包括 40 个字符。要求：从键盘接收 0～8 之间的一个编号，然后在屏幕上显示出相应编号的信息内容，按 q 键退出。

题目 60　指法练习程序。要求：①从屏幕上方以一定的时间间隔随机落下可显示字符，字符的出现位置也是随机的；②在多个字符（可以简化为仅有一个字符）下落的过程中可输入任意键，若输入与其中的任意一个字符相匹配的键，则该字符高亮显示并发出蜂鸣声，同时计分；③按 ESC 键结束练习并显示命中率；④再次按 ESC 键退出。

题目 61　密码设置模拟。编写程序可以进行密码的设置（第一次）和修改（已设置密码）。要求输入的密码用*显示。

题目 62　密码校验程序。要求：①菜单内容包括输入密码（字符串）、密码校验和退出；②输入字符串选择该项后，可以输入一个字符串，该字符串作为密码校验中的已知密码；③密码校验输入字符串，若所输入的字符串与密码不一致，则提示："Password error!"，并重新提示输入密码，当错误输入 3 次时退出软件返回 DOS。若所输入的字符串与密码一致，则提示："Password correct!"，并返回主菜单；④在主菜单中选择退出项，则结束程序返回 DOS。

题目 63　求 $N!$。要求：从键盘接收一个数字，计算其阶乘，并显示出来。

题目 64　计算器设计。在计算机上实现从键盘读入数据，并完成加、减、乘、除的计算。要求：屏幕上显示一个主菜单，提示用户输入相应的数字键，分别执行加、减、乘、除 4 种计算功能和结束程序的功能。若按其他键，则显示提示输入出错并要求重新输入，继续显示主菜单。分别按数字键 "1"、"2"、"3"，则执行相应子模块 1、2、3，进行两个字节与两个字节的加法、减法和乘法运算，并在屏幕上显示运算结果。按数字键 "4"，执行模块 4，进行两字节除一个字节的除法运算。按数字键 "5"，程序退出，返回 DOS。提示：利用 BIOS 中断的 10 号功能调用来设置显示方式；利用 DOS 中断的 01 号、02 号、9 号、10 号子功能来完成键盘的接收与结果显示。

题目 65　四则混合运算器。要求：屏幕提示输入算术表达式，要求表达式最少包含两个运算符号，如：3+2*8，9*5 -6，10-5+2，45/2+3 等；然后计算相应表达式的结果并按十进制形式输出显示；按 ESC 键退出计算器菜单界面并返回 DOS 系统，否则继续输入表达式，求得对应的结果。

题目 66　加法练习程序。要求：随机给出百位数以内的加法算式，并提示输入答案，若正确，给出正确提示；若错误，给出错误提示，并提示输入答案；按 R 键继续下一题，按 Q 键返回 DOS。

题目 67　星期判断程序。要求：输入年、月、日，能够判断当日的星期数，并进行输出（可设某年的 1 月 1 日为起点，根据相差的天数与 7 的关系进行判断）。

题目 68　简易电话号码簿程序设计。要求（假定一个人只有一个电话号码）：①实现人名、电话号码的录入；②人名、电话号码的删除、修改；③根据人名查询该人的电话号码。提高要求：①用文件保存电话簿；②根据电话号码查询该人的名字；③根据人名进行电话号码的模糊查询（如输入某人的姓，则同姓的其他人的电话号码也可以显示出来）；④根据各自的情况，完善功能。编程提示：文件操作、键盘操作和屏幕操作可利用 DOS 和 BIOS 系统中断完成。

　　题目 69　屏幕显示图形的设计。要求：①通过"*"字符设计自己的名字及学号，并在显示器上用 6 种以上的颜色显示出来；②动态切换姓名与学号；③可自行设计显示姓名及学号的方案。编程提示：①BIOS 中断调用：BIOS 常驻 ROM，独立于 DOS，可与任何操作系统一起工作。它的主要功能是驱动系统所配置的外部设备，如磁盘驱动器、显示器、打印机及异步通信接口等。通过 INT 10H～INT 1AH 向用户提供服务程序的入口，使用户无需对硬件有深入地了解，就可完成对 I/O 设备的控制与操作。BIOS 的中断调用与 DOS 功能调用类似。②图形设计：掌握 BIOS 中断调用 INT 10H 的 13H 号功能。注意 13H 号功能入口参数的要求。③颜色显示：在彩色显示屏幕上每个字符在存储中用两个字节表示。一个字节保存字符的 ASCII 码，另一个字节保存字符的属性。BIOS 中断调用 INT 10H 的 13H 号功能是显示字符串，字符的属性在 BL 中。

　　题目 70　吃豆子程序。要求：在屏幕上显示多行"豆子"（用"."表示），用一个"嘴巴"（用字符"C"表示），程序运行时，单击空格，"嘴巴"开始从左到右逐行还是"吃豆子"，一直到"豆子"被吃完停止或者单击空格暂停。

　　题目 71　打字游戏。要求：①开始界面的提示信息："进入游戏，退出"；②打字游戏：字母从屏幕上方下落，若用户在字母下落过程中输入正确字母，字母消失，输入不正确，字母继续下落；③空格键退出游戏。

　　题目 72　码砖。要求：当输入字母 S 时，开始在屏幕上码砖块。砖块的大小事先确定。当码到屏幕顶部或者敲击任意键时停止。砖块的颜色有差别。

　　题目 73　幸运抽号。要求：程序开始运行时在屏幕上随机跳动一组一组十位数字的号码。敲空格时停止，得到的号码是幸运号。

　　题目 74　图形变换程序设计。要求：完成一个图形变换的程序，系统具有 4 种可选择的功能，按字母 Y 画一个用点组成的圆；按字母 S 画一个用不同颜色填充的三角形；按字母 Z 画一个用不同颜色填充的矩形；按 q 键退出。

　　题目 75　动画程序制作。要求：①小鸟从屏幕飞过；②汽车按水平方向从屏幕上开过去；③退出。编程提示：飞鸟的动作可由小写字母 v 变为存折号来模仿，这两个字符先后交替在两列显示。利用 BIOS 系统功能中 10H 中断的 06 号功能进行清屏，循环调用 09 号功能显示字符图形；延迟一段时间后，再循环调用 09 号功能，设置 BL 寄存器的值为 0（黑底黑字显示字体图形），以达到擦除图形的效果；改变行、列坐标，调用 02 号功能设置光标位置，重复上述过程。

　　题目 76　简易动画制作。要求：做一个烟花在空中绽放的动画，从下方飞出，在屏幕上方开花（文本方式和图形方式均可，要有多种颜色）。

　　题目 77　利用命令行参数编程（命令行参数是 50 以内的两位十进制正整数）。要求：①输入的参数不多于 3 个；②第 1 个参数：控制输出相应个数的黄色☺（ASCII 码值为 1）；③第 2 个参数，控制输出相应个数的红色♥（ASCII 码值为 3）；④第 3 个参数，控制输出相应个数的蓝色♠（ASCII 码值为 6）；⑤数据的输入和结果的输出都要有必要的提示，且提示独占一行；⑥要使用到子程序。

题目 78　字符串动画显示。要求：①菜单内容包括输入字符串、字符串动画显示和退出；②输入字符串选择该项后，可以输入一个字符串，该字符串即为动画显示时所显示的字符串；③字符串动画显示所显示字符串在一矩形框内从无到有，从右至左移动，完全从框内移出后，又从右至左移动，直到有任意键按下，停止字符串动画显示返回到主菜单；④在主菜单中选择退出项，结束程序返回 DOS。

题目 79　根据键盘输入的一个数字显示相应的数据螺旋方阵。如输入"4"，则显示：

```
 1   2   3   4
12  13  14   5
11  16  15   6
10   9   8   7
```

共需要显示 $4^2=16$ 个数字。要求：①根据键盘输入的数字（3～20），显示相应的数据方阵；②画出设计思路流程图，编写相应程序。

题目 80　通过键盘输入字母，然后显示相应的图形。要求：输入"L"，之后再输入两个点的坐标值，显示一段直线；输入 R，再输入两个点的坐标值，显示一个矩形框。

题目 81　在显示屏中央开一个窗口显示自己的名字（以拼音显示）。要求：窗口的大小（行、列的像素数，可由用户输入两个数字调整）。

题目 82　用字符组成汽车图形，在屏幕显示从左向右开动的汽车。

题目 83　编写一用箭头键控制光标移动的程序。要求：箭头控制移动，ALT+箭头控制移动并画线。

题目 84　显示输出一白色矩形，背景为黑色。要求：提示白色矩形输出实例；按 Enter 键显示结果，按 ESC 键退出程序。

题目 85　用"*"画菱形框。要求："*"为红色，菱形框画在屏幕中间。

题目 86　用"*"显示出自己名字中的一个字。要求："*"为白色，字体显示在屏幕中间。

题目 87　显示输出一圆形。要求：圆形边线为白色，圆形区域为蓝色，居中显示，大小不限。

题目 88　显示输出一五角星图形。要求：图形边线为红色，背景颜色自定，居中显示，大小适中。

题目 89　在屏幕上显示一个表格，表格边框、背景等颜色自定。要求：表格不同于以上题目的图形，且在屏幕中间显示。

8.2.2　硬件接口设计题目

下面的硬件接口设计题目有些可用汇编语言在 PC 计算机上实现，有些也可在 PROTEUS 软件下仿真实现，如若在教学实验箱或开发板上用硬件实现，可以视情况加分。

题目 1　电子密码锁程序设计。利用计算机系统功能调用实现电子密码锁。通过显示菜单提示，可输入密码、更改密码、结束程序。

题目 2　多功能密码锁。密码锁在输入密码正确的条件下输出开锁电平，控制电控锁开启，同时显示 00 字样。当输入密码错误时，发出错误警告声音，同时显示 FF 字样。当 6 次误码输入的条件下，产生报警电平报警。还可以实现对密码的修改，修改成功后，蜂鸣器发出确认音。要求：选用 8086 和适当的存储器及接口芯片完成相应的功能；用 LED 显示器显示电子锁的当前状态。

题目 3　电子日历时钟系统程序设计。要求：①可通过 M 键切换显示模式：日期（年、月、日）、时间（小时、分、秒）、秒表（小时、分、秒、1/100 秒）、闹钟（小时、分、秒）；②在日期显示模式，可通过 A 键依次使年、月、日闪烁或变色，这时可通过 I 键加 1 调整；③在时间显示模式，可通过 A 键依次使小时、分、秒闪烁或变色，这时可通过 I 键加 1 调整；④在秒表显示模式，可通过 I 键切换（启动/暂停）计时，当暂停计时时可通过 A 键复位；⑤在闹钟显示模式，可通过 A 键依次使 On/Off 标志、小时、分、秒闪烁或变色，这时可通过 I 键切换 On/Off 标志或加 1 调整；⑥调整和秒表操作不影响日期和时间的准确性；⑦可通过 Q 键结束程序。编程提示：计算机系统中的 8253 定时器 0 工作于方式 3，外部提供一个时钟作为 CLK 信号，频率 $f=1.193\,181\,6$MHz。定时器 0 输出方波的频率为 $f_{out}=1.193\,181\,6/65\,536=18.2$Hz，输出方波的周期 $T_{out}=1/18.2=54.945$ms。8253A 每隔 55ms 引起一次中断，作为定时信号。可用 54.945ms 作基本计时单位。用 BIOS 调用 INT 1AH 可以取得该定时单位。1s 需要 $1000/54.945=18.2$ 个计时单位。利用计算机系统功能调用实现电子日历时钟，用 INT 21H/02H 模拟显示 5s 的变化。

题目 4　时钟程序设计。在微机屏幕上显示当前时间的时、分、秒。在程序启动后，可输入当前时间，按下回车键后，开始计时，微机屏幕上显示时间的时、分、秒。

题目 5　LED 七段数码管数字钟。设计并完成 LED 七段数码管数字钟电路，数字钟显示格式为：HH：MM：SS。要求：具有通过键盘能够调整时、分、秒的功能。

题目 6　电子钟系统设计。利用 8053 定时，用 LED 数码管显示出日期和时间，并具有声音提醒功能。要求：①具有交替显示年、月、日和显示时、分、秒的功能；②具备校正功能；③具备设定闹钟和定时闹钟声响功能；④具备准点报时和生日提醒功能（功能①必备，功能②～④可选择）。

题目 7　电子秒表设计。设计一个可任意启动/停止的电子秒表，要求用 6 位 LED 数码显示，计时单位为 1/100s。利用功能键进行启/停控制。其功能为：上电后计时器清 0，当第 1 次（或奇数次）按下启/停键时开始计数。第 2 次（或偶数次）按下该键时停止计时，再 1 次按启/停键时清零后重新开始计时。可用开关控制，也可用按键控制。

题目 8　倒计时牌。要求：①实现日历功能；②显示距倒计时时刻还有多长时间（显示天、时、分、秒）。扩展要求：实现倒计时的时间人为设定。

题目 9　万年历。要求：①能实现计时功能；②显示年、月、日、时、分、秒、星期。扩展要求：实现公历与阴历转换。

题目 10　作息时间控制系统。要求：①能显示时间（时、分、秒）；②在规定的作息时间给出闹钟信号；③可以手动输入作息时间表。扩展要求：实现远距离控制。

题目 11　交通灯模拟控制器。利用计算机键盘和屏幕实现交通灯模拟器。基本要求：①实现日常生活中正常的交通路口的十字路口红绿灯控制，实现南北、东西方向的切换；②显示时间，精确到秒，灯亮时间长短可变；③具有自动和手动控制功能。提高要求：①完成夜间状态的控制：由于夜间车辆和行人很少，实现南北、东西方向的黄灯闪烁，进入夜间控制状态；②完成紧急状态的控制：南北双方向都设置为红灯，利于执行紧急公务；③完成交通堵塞状态的控制：由于交通事故等原因出现南北或东西某一方向堵塞，可人为地调整每个方向的红灯时间，进入手动控制状态。附加要求：必要的辅助功能（设置、修改等）。

编程提示：编写过程中主要涉及的知识点：①视频显示程序设计：一般由 DOS 或 BIOS 调用来完成。有关显示输出的 DOS 功能调用不多，而 BIOS 调用的功能很强，主要包括设置显示方式、光标大小和位置、设置调色板号、显示字符、显示图形等。用 INT 10H 即可建立某种显示方式。用 DOS 功能调用显示技术，把系统功能调用号送至 AH，把程序段规定的入口参数，送至指定的寄存器，然后由中断指令 INT 21H 来实现调用。②键盘扫描程序设计：检测键盘状态，有无输入，并检测输入各值。例：利用 DOS 系统功能调用的 01 号功能，接受从键盘输入的字符到 AL 寄存器。③定时器中断处理程序：在此中断处理程序中，计数器中断的次数记录在计数单元 count 中，由于定时中断的引发速率是 18.2 次/s，即计数一次为 55ms，当 count 计数值为 18 时，sec 计数单元加 1（为 1s）。例：在系统定时中断处理程序中，有一条中断指令 INT 1CH 指令，在 ROM BIOS 中，1CH 的处理仅一条 IRET 指令，实际上它并没有做任何工作而只是为用户提供了一个软中断类型号，所以 INT 1CH 指令每秒也将执行 18.2 次，设计中可用这个定时周期性工作的处理程序来代替原有的 1CH 程序，实现定时。④显示时间子程序：将计时单元的二进制转换为十进制数加以显示。

题目 12　交通灯控制系统设计。在 A 道和 B 道的十字路口，A、B 道各有两组交通指示灯，每组有红、黄、绿三个灯。A 道的同色灯连在一起，B 道的同色灯连在一起。对各组的交通灯进行控制，以保证车辆在各道上通畅运行。交通灯工作过程：①初始状态为 A、B 道都是红灯亮。当控制系统启动后，A 道的绿灯亮，B 道的红灯亮。②当延时 25s 后，A、B 道的黄灯同时变亮，且延时 5s。③延时后，B 道转为绿灯，A 道转为红灯，且延时 25s。25s 后，转为 A、B 道的黄灯亮，延时 5 s 后，回到第 1 步，依次重复进行，不断循环。④当遇到道路障通或紧急情况时，A、B 道全为红灯。要求：用七段数码块显示器显示绿灯延时时间；用相应的发光二极管来代替交通灯；用发光二极管的亮灭显示交通灯的工作情况；系统有"启动"按钮和"停止"按钮，按"启动"按钮后，系统从第 1 步开始循环，按"停止"按钮后，无论在哪一步，应回到初始状态。

题目 13　十字路口的红、绿灯控制。设计内容：南北绿灯亮（东西红灯亮）25s 后，南北黄灯（左转灯）亮（东西红灯亮）5s。然后东西绿灯亮（南北红灯亮）25s 后，东西黄灯（左转灯）亮（南北红灯亮）5s。循环上述过程。在控制信号灯的工作下，同时记录车流量和交通闯红灯的情况，要求：东西、南北为三车道，每个方向的三条车道上个有一个可以自动记录车数的传感器，该传感器与 8253 相连，用 8253 作为计数，每个车道上有正常通过的车时，记录为正常流量，如在红灯时过，则为闯红灯，用闯红灯发生时报警，并记录次数。

题目 14　霓虹灯模拟控制器。利用计算机键盘和屏幕实现霓虹灯模拟器。基本要求：完成一组霓虹灯的正常状态的控制：可选用 2 行 5 列个符号代表小灯。①可以控制每个小灯的点亮或熄灭；②实现霓虹灯显示：小灯依次点亮一定时间；③显示点亮时间，精确到秒，灯亮时间长短可变；④具有自动和手动控制功能。提高要求：①实现霓虹灯显示：小灯从中间开始，依次向两边点亮一定时间；②实现霓虹灯显示：小灯从左向右环形依次点亮一定时间。附加要求：必要的辅助功能（图样变化的间隔时间可以设置、修改等）。

题目 15　发光二极管定时移位显示。要求：①每隔 2s 发出一个中断；②中断完成使 8 个发光二极管依次循环右移一位；③完成 8 次后向反方向移位。扩展要求：间隔时间可设定。

题目 16　花式跑马灯。要求自行设计电路并连线，实现具有 5 种以上花式的跑马灯（例如，控制 8 个 LED 发光管，循序点亮发光管，实现从中心向外扩展、从外部向中心收缩的显示效果；利用 8259 芯片实现触发式控制）。

题目 17　8 个 LED 灯循环闪烁。要求：首先是 1、3、5、7 号 LED 灯依次亮 1s，当第 7 号 LED 亮后，这 4 个灯同时闪烁 5 下；然后 2、4、6、8 号依次亮 1s，当第 8 号 LED 亮后，这 4 个灯同时闪烁 5 下。

题目 18　特定功能的键盘及显示器设计。要求：①按 1 键显示年；②按 2 键显示月、日；③按 3 键显示 GOOD；④按 4 键数码管由左到右字符 "0" 循环显示；⑤自行设计特效显示功能。

题目 19　键盘及显示器的设计。采用 4×4 键盘、6 位 LED、8 个发光三极管，要求：若按下 0~9 键，则在 LED 显示器最左边两位显示其数值；如为 A~F 功能键，则分别实现下列功能。A：LED 显示器左两位显示 "A"，同时发光二极管左循环流水灯显示；B：LED 显示器左两位显示 "B"，同时发光二极管右循环流水灯显示；C：LED 显示器左两位显示 "C"，同时发光二极管闪烁显示；D：LED 显示器左 2 位显示 "D"，同时右 4 位显示 "HELP"；E：LED 显示器左两位以十六进制显示 8 位乒乓开关的状态；F：LED 显示器左两位显示 "F"，同时回到主程序。

题目 20　输入与显示的设计。要求：循环扫描键盘，将键盘输入的值依此移位显示出来，输入 4 位后将输入的数据作为 8253 的定时计数初值，并停止键盘扫描，定时值每秒减 1，并将该值在显示器上显示出来，计数值减到零后，最低位显示 "E" 字，开始扫描键盘输入，输入新的计数值，并重复上述过程。

题目 21　计数及显示的设计。对图书馆进出的人员进行计数，要求进入的人数极限值为 1000 人，到 1000 时报警，并关闭楼门，报警指示用 8255 的一位控制一个指示灯，并使指示灯闪烁。出去的人要从总的计数值中减去，显示器始终显示楼内实际人员的数量。

题目 22　点阵 LED 显示系统设计。要求：①每次显示一个文件和图形；②每隔一固定时间更换需要显示的文字或图形；③可以实现循环显示几个文字或图形；④可以根据按键来控制显示文字替换时间的长短；⑤具有复位功能。

题目 23　单词记忆测试器程序设计。编写一个帮助单词记忆的程序，基本要求：①实现单词的录入（为使程序具有可演示性，单词不少于 10 个）；②单词根据按键控制依次在屏幕上显示，按键选择认识还是不认识，也可以直接进入下一个或者上一个；③单词背完后给出正确率。提高要求：①旧单词可从文件中读出；②录入的新单词保存到文件中；③第一次背完后，把不认识以及跳过的单词再次显示出来，提醒用户再记忆，直到用户全都记住；④结束后，给出各个单词的记忆结果信息，如记忆次数；⑤根据各自的情况，完善功能。编程提示：文件操作、键盘操作和屏幕操作可利用 DOS 和 BIOS 系统中断完成。

题目 24　简易电子音乐播放程序设计。基本要求：①将存储于内存中的音乐数据播出（格式自定义）；②能够播出 21 个音阶（低音 1~7、中音 1~7、高音 1~7）。提高要求：①可以播出长短音（分长音、中音、短音）；②可从文件中读音乐数据（格式自定义）。

题目 25　打字练习程序设计。基本要求：①自行编制键盘中断和时间中断处理程序，并保存原中断向量。程序运行时，使用自编的中断向量处理程序。程序退出时，恢复中断向量。②在缓冲区中预放了一些字母，运行时，可按照屏幕上显示的小写字母输入练习。③每输入完一行按回车键后，可显示出练习输入的时间。提高要求：改进程序，将原设计中固定的例句改为随机变化的例句。附加要求：必要的辅助功能（设置、修改等）。编程提示：利用计算机键盘和时间中断、字符显示，可实现打字练习程序。①在计算机中，对键盘的管理是通过中断机构和 8255 芯片来实现的，在 8255 中有两个端口 PA 和 PB，在这个硬件接口的基础上，系统在 BIOS 中配备了键盘服务功能，可以调用键盘的 DOS 和 BIOS 功能编程，也可以直接在硬件接口的基础上编程。②视频显示程序设计：一般由 DOS 或 BIOS 调用来完成。有关显示输出的 DOS 功能调用不多，而 BIOS 调用的功能很强，主要包括设置显示方式、光标大小和位置、设置调色板号、显示字符、显示图形等。用 INT 10H 即可建立某种显示方式。用 DOS 功能调用显示技术，把系统功能调用号送至 AH，把程序段规定的入口参数送至指定的寄存器，然后由中断指令 INT 21H 来实现调用，例：要输出多于一个字符时，利用 DOS 功能调用 9。③键盘扫描程序设计：检测键盘状态，有无输入，并检测输入各值。例：利用 DOS 系统功能调用的 01 号功能，接受从键盘输入的字符到 AL 寄存器。④打字计时统计：每输完一句例句，计时一次。此中断处理程序中，计数器中断的次数记录在计数单元 count 中，由于定时中断的引发速率是 18.2 次/s，即计数一次为 55ms，当 count 计数值为 18 时，sec 计数单元加 1（为 1s）。⑤显示时间子程序：将计时单元的二进制转换为十进制数加以显示。

题目 26 键盘数字输入训练器程序设计。利用计算机键盘和屏幕实现键盘数字输入训练器的模拟。基本要求：①在缓冲区中预放了一些字符，当有键盘输入，则从缓冲区中取出字符并进行显示。②对取出的字符进行队列管理。提高要求：增加 left_shift 和 right_shift 键的功能，即在按下 left_shift 或 right_shift 键的同时，又按下 0~9 或 a~z 等键，则 CPU 取得并显示键的上挡符号或大写字母。附加要求：必要的辅助功能（设置、修改等）。编程提示：在计算机中，对键盘的管理是通过中断机构和 8255 芯片来实现的，在 8255 中有两个端口 PA 和 PB，在这个硬件接口的基础上，系统在 BIOS 中配备了键盘服务功能，可以调用键盘的 DOS 和 BIOS 功能编程，也可以直接在硬件接口的基础上编程。

题目 27 抢答器控制模拟程序。用汇编语言模拟设计一抢答器工作程序。抢答开始后，显示各抢答输入的时间，并将最快抢答标识为红色且闪烁。具体要求：①具有 8 个抢答输入（由 8 个开关代替，其他按键不起作用）；②显示抢答剩余时间（初始 10s）；③显示抢答成功者（显示数字）；④抢答成功后，有声音提示；⑤时间分辨率小于 10ms。

题目 28 竞赛抢答器设计。设计一个 8 路的智力竞赛抢答器。在主持人侧，设置"抢答指示电路"、"启动"和"复位"按钮。选手侧各设置 1 个"抢答"按钮。主持人按动"启动"按钮，可以进行一次抢答，绿色发光二极管亮作允许抢答指示。竞赛者抢答主持人所提的问题时，按动各自的"抢答"按钮。用 8 个逻辑开关来代表 8 个抢答按钮。当开关向上拨为"1"时表示按下按钮。收到第 1 个抢答信号后，主持人侧红色发光二极管亮作抢答指示，在单个 LED 数码管显示抢先一组的组别，主持人按下"复位"按钮，指示灯和数码管熄灭。主持人念完题目后可以按动"启动"按钮，开始下一次抢答。"启动"、"复位"按钮由一个 AN 按钮来代替。按动 AN 按钮时分别进行启动、复位操作，即这一次按动 AN 按钮进行复位后，则下一次进行启动操作。

题目 29 加、减运算器的设计。利用 8086/8088 计算机系统，8×2 的键盘及 6 位数码显示器为输入输出设备。具体要求：①按要求定义键盘的按键：10 个为数字键 0~9，6 个功能键：十、一、×、÷、=、复位键；②实现 5 位十进制整数以内的加减运算；③实现 2 位十进制整数以内的乘除运算。

题目 30　双机通信设计。要求：①用查询或中断方式实现计算机间的相互通信（串口）；②菜单选择：设置波特率、起停位、数据位、连接、退出等；③设置打字发送区、显示接收区；④在一台计算机上的发送区打字时并显示，同时在另一台计算机上的接收区显示；⑤要求界面美观。

题目 31　通过串口实现单机自发自收功能。在实验装置上，通过实验板的小键盘输入一串数字或字母，并在计算机的 CRT 显示器上显示所接收到的内容。要求至少传送 26 个不同的字母和 8 个不同的数字。

题目 32　投票系统设计。设由系统 6 个专家对参赛者投票，每个人通过开关操作，置开关 ON 为投赞成票，置开关 OFF 为投反对票，总控制台通过另一个开关控制票数的读入时间，当有 N 个人投赞成票时，数码管显示 N，不读票时数码管呈现霓虹灯状态。

题目 33　出租车计价器设计。要求：①实现计价功能，价格=速度×时间×单价，总价等于其和；②实现手动设计单价；③实现显示里程、单价与总价。扩展功能：实现自动根据时间设定单价。

题目 34　数字频率计设计。要求：①测量频率范围 10Hz～1MHz，量程可自己选择；②显示方式为 4 位十进制数显示。扩展功能：①测量范围 1Hz～10MHz；②被测信号可以是三角波、正弦波、锯齿波等各种信号。

题目 35　脉冲计数器设计。8253 对单脉冲发生器发出的脉冲个数进行加 / 减计数，计数结果利用 2 位 LED 数码管进行显示。控制功能：利用拨动开关 K1 来选择计数的方式。K1 接高电平时，进行加法计数；K1 接低电平时，进行减法计数。利用拨动开关 K2 控制计数器的计数。当 K2 接高电平时，计数器停止计数，同时保持当时的计数结果；当 K2 接低电平时，计数器处于连续计数工作状态。利用拨动开关 K3 来控制计数器的复位。当 K3 接高电平时，计数器处于复位状态，同时将计数结果清零。

题目 36　电梯控制设计。对一个 3 层楼的电梯进行控制，要求每层楼的楼外有一个显示器显示电梯到达的楼层（与电梯内显示的数据相同），楼外有上行和下行两个请求按钮（1 楼只有上，3 楼只有下）8 个开关量输入，电梯内有 6 个输入（1～3 层，开门、关门、呼叫），电梯另有 3 个到位输入开关（1～3 层），电梯运行的条件：门关好开关闭合，输入楼层，按下电梯内的关门按钮。电梯停止的条件：某层楼有呼叫时，到达该层楼后，其到位开关闭合，电梯停止上或下，电梯运行由一个开关控制，需要多少个开关量输入输出由设计者自己计算。

题目 37　高层（15 层）建筑电梯的控制系统设计。要求：

（1）电梯外：每层设有上升"↑"和下降"↓"键，并用两位 LED 显示当前电梯所在层数。

（2）电梯内：①用 LCD 或发光二极管显示上升"↑"和下降"↓"，并用两位 LED 显示当前电梯所在的层数；②设计 4×4 键盘，供乘客选择所要到达的层数；③用两个开关控制开、关控制开、关电梯门，同时用红色、绿色 LED 指示当前电梯门的状态。

（3）电梯在运行的过程中能随时检测电梯外输入的信号。当方向一致时，电梯可以及时停靠，搭载乘客；当方向不一致时，电梯不停靠。

题目 38　直流电动机控制设计。要求：①可控制启动、停止；②根据给定转速和检测的转速，采用 PWM 脉宽调制控制转速，产生不同占空比的脉冲控制电动机的转速；③实现由慢到快，再由快到慢的变速控制；④数码管显示运行状态。扩展功能：实现定时启动，定时停止。

题目 39　电动机转速控制设计。利用 D/A 芯片实现电动机转速控制。要求：①可通过开关输入或按键输入实现多挡位电动机转速选择；②转速可用 LED 显示或带七段数码管显示。扩展功能：带测速电动机转速控制。

题目 40　步进电动机控制设计。要求：步进电动机转速分为 8 级，依次是 30 、60、90、120、150、180、210、240r/min。电动机可实现正、反转，可通过键盘输入要求的转速。电动机的正/反转和转速用 LED 管显示出来。电动机启动时有升速过程。

题目 41　模数转换器的设计。要求：8259 每秒钟中断一次，在中断子程序中对 ADC0809 采样，将 A/D 转换结果在 LED 上显示，显示的精度为 0.001V。

题目 42　模拟电压采集电路设计。要求：采用 ADC0809 设计一个单通道模拟电压采集电路，要求对所接通道变化的模拟电压值进行采集，采集来的数字量送至数码管 LED 指示，采集完 100 个数据后停止采集过程。

题目 43　多路电压采集电路设计。要求：每秒定时中断后对 8 路 0～5V 的输入电压值进行采样，采样结果在 LED 数码管上轮流显示，也可单路选择显示。

题目 44　电压报警器的设计。要求：采集 0～5V 的电压，当输入电压在 3V 以内，显示电压值，如 2.42。当输入电压超过 3V，显示 Err，并报警。电压值可在七段数码管显示、点阵广告屏显示或液晶屏显示。报警形式自行设计，可用灯光闪烁表示、蜂鸣器鸣响报警等形式。

题目 45　设备状态监视器设计。设计一多设备状态监视系统，多设备状态可用开关模拟。若发现一台异常，低电平变高电平，报警（指示灯亮），一旦恢复，撤除报警。可用 8255A 的作为 8 个状态监视输入和 8 个报警指示灯输出端口，也可用中断实现状态异常检测。

题目 46　占空比可调的方波发生器。通过电位器 W1 产生的 0～5V 电压， W1 的输出电压为 0V 时，输出方波占空比为 0；W1 的输出电压为 5V 时，输出方波的占空比为 100%。输出方波信号频率为 100Hz。W1 产生的输出电压接入 ADC0809 的 IN0 进行采样，根据采样结果输出相应占空比的方波。

题目 47　定时中断采样与开关控制。通过电位器 W1 产生的 0～5V 电压，8259 每 2s 中断一次，中断后对 ADC 0809 采样一次，比较 0809 的采样值，0809 的输入值在 0～2.5V，4 个开关量输出控制的灯全灭，输入值在大于 2.5V 小于或等于 3V 时，有一个灯亮，输入值在大于 3V 小于等于 3.5V 时 2 个灯亮，输入值在大于 3.5V 小于等于 4V 时 3 个灯亮，输入值在大于 4V 时 4 个灯亮。

题目 48　教学楼灯光控制。显示器始终显示时间值，每 10s 对 0809 采样一次，比较 0809 的采样值，0809 的输入值在 0～2.5V，4 个开关量输出控制的灯全亮，表示室外较暗，楼内的灯不能关闭；输入值大于等于 2.5V 时，表明室外较亮，在时间段 8:50～9:00、9:50～10:10、11:00～11:10 关闭 4 层楼的所有灯，在上课时要打开所有灯。下午从 12:00～19:00 关闭所有灯，19:00 以后开所有灯，22:00～7:30 关闭所有灯，7:30 以后开灯。每层楼一个开关。8 个七段码显示器显示格式如下： 2 3 : 5 9 : 5 9 。

题目 49　压力测控系统设计。要求：①对压力传感器的信号进行检测，并在 LED 数码管上显示之（LED 的显示格式为 P=XXX，X 为测试值）；②当压力低于 30Pa 时，黄灯闪烁，闪烁周期为 1s，而当压力高于 150Pa 时，红灯闪烁，闪烁周期为 1s。

题目 50　温度测量系统设计。要求：①利用热敏电阻和电桥电路测量温度变化信号；②经过放大后送到 ADC0809 转换成数字信号；③计算后在 LED 数码管显示其温度值；④采用红绿灯指示温度范围，温度在给定范围内绿灯亮，温度超过指定范围时红灯显示警告。扩展功能：实现上位机显示。

题目 51　多路温度采集与显示系统设计。要求：①采用热敏电阻测量 4 个温度通道；②轮流显示各通道温度，同时表明通道号；③可以用键盘选择需要观察的通道情况。

题目 52　三角波发生器设计。利用 D/A 设计一个三角波发生器，可利用键盘改变其输出波形的幅值。例如，可利用 1～5 这 5 个数字键改变其输出波形的幅值，当按下 1～5 数字键时使 D/A 输出幅值从 1V 增加到 5V。

题目 53　多种波形发生器设计。利用 D/A 产生频率为 1Hz 的不同形状波形。具体要求：按系统小键盘 "1" 键产生锯齿波（正向或负向），按系统小键盘 "2" 键产生三角波，按系统小键盘 "3" 键产生阶梯波（每阶梯 1V），按系统小键盘 "4" 键产生正弦波，按系统小键盘 "5" 键产生方波，按系统小键盘空格键停止转换，等待输入新命令，并用示波器观测输出波形。扩展功能：将当前输出波形代号显示在 LED 上，如 1 为锯齿波，2 为三角波，…，5 为方波。

题目 54　可调波形发生器设计。要求：①可产生锯齿波、三角波、方波、梯形波、正弦波和脉冲信号等多种波形；②可选择单极型输出或双极型输出；③可选择不同幅值和频率。扩展功能：幅值、频率连续可调。

题目 55　A/D 与 D/A 综合设计。要求：采用 ADC0809 作为模拟量数据的输入、8259 作为时间到中断控制器、DAC0832 作为模拟量数据的输出，每 1s 中断一次并对 0809 一次采样，采样值按十进制显示在七段码显示器（精度为 mV 级），并将采样值作为输出 50～100Hz 频率的三角波，三角波由 0832 输出（三角波的值按每度一个值计算，并将计算好的值保存后查表使用）。

题目 56　模拟锅炉水位仪。要求：①采用电位器模拟水位，并监测锅炉内的水位，水位超高或过低都用声音报警；②在水位快要达到警戒水位时给出提示信息。扩展功能：实现一台仪器监控多台锅炉。

题目 57　家用电热淋浴器控制器的设计。要求：①打开电源后，先设定水温，水温分为 8 档（30℃～100℃，每 10℃ 一挡）；②按下 "启动" 键后，开始测量水温并采用数码管显示，控制电热管加热；③上下限水位报警（声光报警）。

题目 58　汽车车灯控制系统。设计汽车信号灯仪表盘控制系统，实现汽车各种指示功能。具体要求：①停靠瞬间的指示。闭合停靠开关、头灯、尾灯以 30Hz 的频率闪烁。②左/右转向时指示。控制左/右转弯开关，左/右转弯灯、左/右头灯、左/右尾灯闪烁。③紧急状态指示。闭合紧急开关，所有信号灯以 30Hz 的频率闪烁。④刹车指示。闭合刹车开关，左/右尾灯点亮。⑤左/右转弯刹车指示。控制左/右转弯开关，同时闭合刹车开关，左/右转弯灯、左/右头灯、左/右尾灯闪烁，然后点亮左/右尾灯。⑥倒车指示，并有倒车声音提示。

题目 59　汽车倒车测距仪。能测量并显示车辆后部障碍物离车辆的距离，同时用间歇的 "嘟嘟" 声发出警报，"嘟嘟" 声间隙随障碍距离缩短而缩短。具体要求：①开机后先显示 "____"，并有开机指示灯。②CPU 发射超声波 1ms，然后显示 60ms，即 1ms+60ms 为一个工作周期，等待回波，在次周期内完成一次探测。③根据距离远近发出报警声并显示距离。障碍物距离小于 1m，距离值变化 5cm 更换显示，否则不更新；距离在 1m 以上，新值与原显示值之差大于 10cm 更换，否则不更换。④用 3 个 LED 位数码管显示障碍物距离。

题目 60 电子钟设计。利用 8253、8259、8255 和七段数码管设计一个电子钟。要求：①利用 8253 的计数器 2 进行 100ms 的定时，其输出 OUT2 与 8259 的 IRQ7 相连，当定时到 100ms 时产生一个中断信号，在中断服务程序中进行时、分、秒的计数，并送入相应的存储单元；②8255 的 A 口接七段数码管的位选信号，B 口接数码管的段选信号，时、分、秒的数值通过对 8255 的编程可送到七段数码管上显示。

题目 61 家用电风扇设计。要求：①用 4 个按键来实现对"风速"、"风种"、"定时"、"停止"的不同选择；②用 3 个发光二极管来表示风速的强、中、弱 3 种状态；③用 3 个发光二极管来表示风种的正常、自然（运转 5s，间断 5s）、睡眠（产生轻柔的微风，风速设为弱风，运转 10s，间断 10s）3 种状态；④用 4 个发光二极管来表示定时 30、60、90min，连续 4 种状态；⑤在停止状态时，只有按风速键才有效，按其余 3 键无效；⑥在任何工作状态下，按"停止"键停止工作，所有指示灯熄灭。

题目 62 转速表设计。要求：①通过霍尔传感器测量小直流电动机转速，电动机每转一圈就发出一个脉冲信号，电动机的转速可通过 0～5V 电位器调节；②用 8253 每 1s 向 8259 申请一次中断，在中断处理程序中采样电动机产生的转速脉冲；③用 8255 接 4 个数码管来动态显示转速，转速显示范围为 0～9999r/min；④用一拨动开关控制转速表的启动和停止。

题目 63 洗衣机控制系统设计。要求：①洗涤有进、出水及水位控制；有强、中、弱、浸泡控制；有时间控制。②脱水和出水控制、脱水速度控制和时间控制。提示：①用 4 个开关控制水位高、中、低和 0 档，并用发光二极管指示。②用 3 个开关控制进水、出水和保持 3 种操作，并用发光二极管指示。③通过按键选择强、中、弱 3 种洗涤方式，利用电动机转动的快慢、正转到反转的时间间隔实现 3 种洗涤方式。④时间控制和时间间隔用 8253 来实现。⑤当洗涤和脱水操作结束后，就有声光报警。

题目 64 空调机控制系统设计。要求：①制冷与制热状态的恒温自动控制。②用户的温度设定和定时时间的设定。③送风控制。④自动去湿控制。⑤定时、开、关机的控制。⑥3min 延时启动保护。⑦当前环境的温度、湿度以及设定温度的发光二极管显示。

8.3 课程设计举例

8.3.1 实例 1——计算机钢琴和音乐发生器的设计

1. 设计任务与要求

基本功能：①利用键盘按键"q、w、e、r、t、y、u"实现音调的重低音输入；②利用键盘按键"a、s、d、f、g、h、j"实现音调的低音输入；③利用键盘按键"z、x、c、v、b、n、m"实现音调的中音输入；④利用键盘按键"1、2、3、4、5、6、7"实现音调的重低音输入；⑤实现菜单选择以及处理各种功能键的功能。

实现功能：①制作一个菜单，使用菜单条选择功能，让用户选择演奏的乐曲；②采用定时器方式演奏《画心》、《铃儿响叮当》、《生日快乐》，以及《新年好》的音乐；③提示使用 Esc 键或者 Enter 键可以退出当前过程或返回 DOS；④实现控制变量可以控制不同的效果以及要求，如播放速度、间隔等；⑤界面美观，程序结构化程度高，模块结构合理；⑥设计出相应的音乐取码软件。

2. 设计原理

基于 PC 计算机的时钟晶振为 1.193 181 6MHz，利用电脑里面的蜂鸣器发出声音。各音阶标称频率值：

```
/*--------------------------------------------------------------*/
    音符               1     2     3     4     5     6     7
(重低音) 对应频率(Hz)： 131   147   165   175   196   220   247
(低音)  对应频率(Hz)： 262   294   330   349   392   440   494
(中音)  对应频率(Hz)： 523   587   659   698   784   880   988
(高音)  对应频率(Hz)： 1046  1175  1318  1397  1568  1760  1975
/*--------------------------------------------------------------*/
```

PC 中的定时电路有 3 个通道，通道 3 用于发声，通道 1 用于控制系统内部的时钟。采用 DOS 的 TIME 命令可以观察并修改系统内部的一个时钟，该时钟能连续运转，主要依靠定时器的通道 1。

通道 1 的工作方式和通道 3 一样，但是系统启动时设定其发出一个频率固定为 18.2Hz 的信号，这个信号直接送到系统中的中断控制器。IRQ0 每 18.2 个 Hz 都产生一个硬件中断，对应的中断号是 08H。在定时器的控制下每隔 55ms 就要执行一个 08H 号中断，这个中断的主要工作就是连续地计数。

在内存"0040H：006CH"处有 4B 的存储空间专门用于保存计数值，CPU 每执行一次 08H 中断，这 4B 的计数值就被加 1，不难算出这个计数值每增加 1091 后时间恰好过了 1min，每增加 65 454 后时间恰好过了 1h。系统内部的时钟之所以能准确走时，靠的就是 08H 中断和这 4B 的计数值。因此要想精确地定时，必须依靠时钟计数值才行。

由于 PC 计算机的时钟晶振为 1.193 181 6 MHz，定时器的计数器为 16 位计数器，则最大的计数值为 65 536，那么其定时时间为 $t=65\ 536 \times T=65\ 536/f = 0.054\ 925\ 4s$，即 PC 定时器每秒可中断 18.2065 次。

3. 程序流程

图 8-1 为程序流程图。程序开始，显示提示信息，对缓存区初始化。按键扫描，接着调用发音子程序在把 AL 送缓存区，发出与按键相对应频率的声音，从而实现计算机钢琴功能，并不停地对 Esc 键、Enter 键扫描，当 Esc 键或 Enter 键按下时，就退出程序。当按下 p 时，显示播放音乐目录。当按下数字选择键时，播放程序中预设的曲目。当检测到 q 时，退出到计算机钢琴演奏状态。

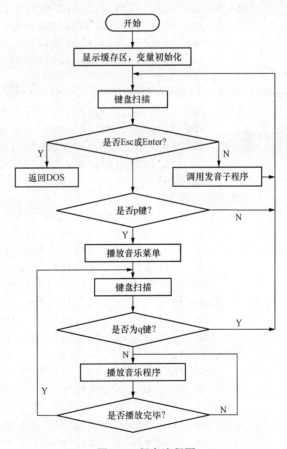

图 8-1　程序流程图

4. 程序源代码

```
;/*---------------------------------------------------------------------*/
;数据段定义
data  segment                                      ;数据定义段
    assume  ds:data                                ;建立数据段寄存器寻址
msg_1    db  '<<--Welcome you to this OS.-->> $',0dh,0ah;定义字节
msg_2    db  0dh,0ah,'In this OS. you can press below keys to enjoy:$'
msg_3    db  0dh,0ah,'Super Low: q-w-e-r-t-y-u$'
msg_4    db  0dh,0ah,'   Low:    a-s-d-f-g-h-j$'
msg_5    db  0dh,0ah,'   Mid:    z-x-c-v-b-n-m$'
msg_6    db  0dh,0ah,'   Hig:    1-2-3-4-5-6-7$'
msg_7    db  0dh,0ah,'Anytime you can press ''Esc'' or ''Enter'' to exit.$'
msg_8    db  0dh,0ah,'What''s more, you can press ''p'' to play music!$'
msg_9    db  0dh,0ah,'Please select the music(press ''q'' to exit the main menu):$'
msg_10   db  0dh,0ah,'1. Huaxin$'
msg_11   db  0dh,0ah,'2. Jingle bells$'
msg_12   db  0dh,0ah,'3. Happy birthday to you$'
msg_13   db  0dh,0ah,'4. Happy new year$'
msg_21   db  0dh,0ah,' $'
note_t   dw  131,147,165,175,196,220,247           ;重低音
         dw  262,294,330,349,392,440,494           ;低音
         dw  523,587,659,698,784,880,988           ;中音
         dw  1046,1175,1318,1397,1568,1760,1975    ;高音
         dw  0                                     ;休止符 0
;        '1','2','3','4','5','6','7'               ;从低到高
key_t    db  'q','w','e','r','t','y','u'           ;重低音
         db  'a','s','d','f','g','h','j'           ;低音
         db  'z','x','c','v','b','n','m'           ;中音
         db  '1','2','3','4','5','6','7'           ;高音
         db  '0'                                   ;休止符 0
;《画心》主题曲
music_n1 db  'b','c','c','x','z','x','x','b','c'
         db  '0','b','c','c','x','z','x','b','n'
         db  'c','0','b','c','c','x','z','x','z','j'
         db  'z','x','j','g','h','d','g'
         db  'h','h','c','x','z','j','j','g','h'
         db  'g','g','h','h','z','j','h','g'
         db  's','d','d','d','g','h','h','j','z','g'
         db  'z','x','x','c','c','b','c','c','x','z','x'
         db  'z','j','z','x','j','g','h','d','g'
         db  'h','h','c','x','z','j','g','h','h','0'
         db  'd','d','g','h','h','z','j','h','g','h'
         db  'h','d','d','d','g','h','h','j','z','g','z'
         db  'x','x','c','c','b','c','c','x','z'
         db  'x','z','j','z','x','j','g','h','d','g','h'
         db  'h','c','x','z','j','g','h','h','b','c'
```

```
        db  'c','x','z','x','x','b','c','c','c','b','c'
        db  'c','x','z','x','b','n','x','c','c'
        db  'b','c','c','x','z','x','z','j'
        db  'z','x','j','g','h','d','g','h','h','c'
        db  'x','z','j','g','h','h','0'
music_d1 db  4, 4, 8, 4, 4, 8, 4, 4, 16
        db  8, 4, 4, 8, 4, 4, 8, 4, 4
        db  16, 8, 4, 4, 8, 4, 4, 8, 4, 4
        db  4, 4, 4, 4, 8, 4, 4
        db  8, 4, 4, 4, 4, 8, 8, 4
        db  4, 4, 8, 4, 4, 4, 4, 8
        db  4, 2, 16, 4, 4, 8, 4, 4, 4, 4
        db  4, 4, 4, 4, 8, 4, 4, 8, 4, 4, 8
        db  4, 4, 4, 4, 4, 4, 8, 4, 4
        db  8, 4, 4, 4, 4, 8, 4, 2, 8, 8
        db  4, 4, 8, 4, 4, 4, 4, 4
        db  4, 4, 8, 4, 4, 8, 4, 4, 4, 4
        db  4, 4, 4, 16, 4, 4, 8, 4, 4
        db  8, 4, 4, 4, 4, 4, 8, 4, 4, 8
        db  4, 4, 4, 4, 8, 4, 16, 4, 4
        db  8, 4, 4, 8, 4, 4, 4, 8, 4, 4
        db  8, 4, 4, 8, 4, 4, 4, 4, 8
        db  4, 4, 8, 4, 4, 8, 4, 4
        db  4, 4, 4, 4, 8, 4, 4, 8, 4, 4
        db  4, 4, 8, 4, 4, 32
;《铃儿响叮当》+《生日快乐》+《新年好》
music_n2 db  'g','c','x','z','g','0','g','h','g','c','x','z'
                                    ;铃儿响叮当
        db  'h','0','h','a','h','v','c','x','j','g','b','b','v','x','c','z'
        db  'g','c','x','z','g','0','g','h','g','c','x','z','h','v','c','x'
        db  'b','b','b','b','n','b','v','x','z'
        db  'c','c','c','c','c','c','c','b','z','x','c'
        db  'v','v','v','v','c','c','c','x','x','z','x','b'
        db  'c','c','c','c','c','c','c','b','z','x','c'
        db  'v','v','v','v','c','c','b','b','v','x','z','0'
        db  'g','g','h','g','z','j'          ;生日快乐
        db  'g','g','h','g','x','z'
        db  'g','g','b','c','z','j','h'
        db  'v','v','c','z','x','z','0'
        db  'z','z','z','g','c','c','c','z','z','c','b','b','v','c','x','x','c'
                                    ;新年好
        db  'v','v','c','x','c','z','z','c','x','g','j','x','z',0
music_d2 db  4, 4, 4, 4, 8, 4, 2, 2, 4, 4, 4, 4
        db  8, 4, 2, 2, 4, 4, 4, 4, 8, 8, 4, 4, 4, 4, 8, 4
        db  4, 4, 4, 4, 8, 4, 2, 2, 4, 4, 4, 4, 4, 4, 4, 4
        db  4, 4, 4, 4, 4, 4, 4, 4, 16
        db  4, 4, 8, 4, 4, 8, 4, 4, 4, 2, 16
```

```
            db   4, 4, 8, 4, 4, 8, 4, 4, 4, 4, 8, 8
            db   4, 4, 8, 4, 4, 8, 4, 4, 4, 2, 16
            db   4, 4, 8, 4, 4, 8, 4, 4, 4, 4, 16, 32
            db   4, 4, 8, 8, 8, 16
            db   4, 4, 8, 8, 8, 16
            db   4, 4, 8, 8, 8, 8, 8
            db   4, 4, 8, 8, 8, 16, 32
            db   4, 4, 8, 8, 4, 4, 8, 8, 4, 4, 8, 8, 4, 4, 16, 4, 4
            db   8, 8, 4, 4, 8, 8, 4, 4, 8, 8, 4, 4, 32
jiepai db   ?                              ;节拍变量定义
speed  db   2                              ;播放速度控制
jiange db   1                              ;音符间隔停顿时间
data  ends                                 ;数据定义段结束
;/*------------------------------------------------------------------------*/
;代码段定义
code    segment                            ;代码定义段
        assume  cs:code                    ;建立代码段寄存器寻址
;/*------------------------------------------------------------------------*/
;字符显示
Show  macro  str                           ;宏定义,输入参数: 字符串 str
        lea   dx,str                        ;装入 str 的有效地址
        mov   ah,09h                        ;调用中断 21,09h 显示字符串
        int   21h
        endm                                ;宏定义结束
;/*------------------------------------------------------------------------*/
;主函数
main  proc  far                            ;主函数过程定义
        mov   ax, data                      ;取数据段地址
        mov   ds, ax                        ;装载数据段寄存器 ds,使之指向当前数据段
        show  msg_21
        show  msg_1                         ;调用宏,显示字符串
        show  msg_2
        show  msg_3
        show  msg_4
        show  msg_5
        show  msg_6
        show  msg_7
        show  msg_8
        show  msg_21
        mov   bx,0                          ;设定查表数组下标初值
;/*------------------------------------------------------------------------*/
;按键扫描
key_scan:
        mov   al, 6
        mov   jiepai, al                    ;初始化节拍
        mov   bx,0000h                      ;初始化指针
        mov   ah, 00h                       ;利用 BIOS 的 16 号中断,扫描键盘按键
```

```
        int      16h                    ;AL 中返回按键的 ASCII 码
        cmp      al, 0dh                ;判断是否为 Enter 键
        jz       exit                   ;是回车键就退出
        cmp      al, 1bh                ;判断是否为 Esc 键
        jz       exit                   ;是退出键就退出
        cmp      al, 'p'                ;判断是否为 p 键
        jz       play                   ;是 p 键就 play music
lookup: cmp      key_t[bx], al          ;取出对应频率值
        je       next
        inc      bx                     ;指针+1
        jmp    lookup
next: shl        bx,1                   ;指针×2,计算频率表指针
        mov    cx,note_t[bx]            ;取得对应数组下标值的频率值
        call     beep                   ;调用固定频率子程序
        jmp      key_scan               ;否则继续扫描
;/*------------------------------------------------------------------*/
exit:                                   ;退出
        mov   ah,4ch                    ;调用中断 21,4ch 退出系统
        int   21h
;/*------------------------------------------------------------------*/
;音乐播放菜单
play: showmsg_9
        show msg_10
        show msg_11
        show msg_12
        show msg_13
        show msg_21
input: mov ah, 00h                      ;利用 BIOS 的 16 号中断,扫描键盘按键
        int   16h                       ;AL 中返回按键的 ASCII 码
        cmp al, 'q'                     ;判断是否为 Enter 键
        jz   start                      ;是 q 键就退到主菜单
        cmp al, '1'                     ;判断是否为数字 1
        jz   next6                      ;是 1 键就播放相对应的歌曲
        cmp al, '2'                     ;判断是否为数字 2
        jz   next7                      ;是 2 键就播放相对应的歌曲
        jmp input                       ;否则继续扫描按键
next6: call  play_m1
next7: call  play_m2
start: call   main
;/*------------------------------------------------------------------*/
;音乐播放程序 1
play_m1 proc    near
next5: mov bx,0
next3: mov al,music_n1[bx]              ;取出 music 频率值
        push  ax
        mov al,music_d1[bx]             ;取出 music 节拍
        mov jiepai,al
```

```
              pop ax
              cmp al, 0                    ;是否为音乐结束标志符
              je  input                    ;是则退出 play
              push bx                       ;保存 bx,bx 为 music 频率指针
              mov bx, 0
     look1:   cmp key_t[bx],al             ;查表取出对应频率值的指针 bx
              je next1                      ;找到就 beep
              inc bx                        ;指针+1
              and bx,0ffh
              jmp look1                     ;未找到则继续查找
     next1:   shl bx,1                      ;指针×2,计算频率表指针
              mov cx,note_t[bx]             ;取得对应数组下标值的频率值
              cmp cx,0
              je  next4
              call    beep                  ;调用固定频率子程序
              call    pause                 ;调用停顿时间
              pop bx                        ;获得 music 指针
              inc bx                        ;继续取得下一个音符
              jmp next3
     next4:   call    nobeep
              call    pause                 ;调用停顿时间
              pop bx                        ;获得 music 指针
              inc bx                        ;继续取得下一个音符
              jmp next3
   play_m1  endp
;/*--------------------------------------------------------------------*/
;音乐播放程序 2
play_m2 proc  near
nex5: mov bx,0
nex3: mov al,music_n2[bx]                   ;取出 music 频率值
      push ax
      mov al,music_d2[bx]                   ;取出 music 节拍
      mov jiepai,al
      pop ax
      cmp al, 0                             ;是否为音乐结束标志符
      je input                              ;是则退出 play
      push bx                               ;保存 bx,bx 为 music 频率指针
      mov bx,0
loo1: cmp key_t[bx],al                      ;查表取出对应频率值的指针 bx
      je nex1                               ;找到就 beep
      inc bx                                ;指针+1
      and bx,0ffh
      jmp loo1                              ;未找到则继续查找
nex1: shl bx,1                              ;指针×2,计算频率表指针
      mov cx,note_t[bx]                     ;取得对应数组下标值的频率值
      cmp cx,0
      je nex4
```

```
        call beep                      ;调用固定频率子程序
        call pause                     ;调用停顿时间
        pop bx                         ;获得 music 指针
        inc   bx                       ;继续取得下一个音符
        jmp   nex3
nex4: call  nobeep
        call pause                     ;调用停顿时间
        pop   bx                       ;获得 music 指针
        inc   bx                       ;继续取得下一个音符
        jmp   nex3
play_m2 endp
;/*------------------------------------------------------------------*/
main    endp                           ;主函数过程结束
;/*------------------------------------------------------------------*/
;固定频率响
beep proc   near
        mov dx,0012h
        mov ax,34dch
        div   cx                       ;ax 为所得分频值
        out   42h,al                   ;输出频率值,低 8 位
        mov   al,ah
        out   42h,al                   ;输出频率值,高 8 位
        call spk_on                    ;开启蜂鸣器
        mov ah,00h                     ;取时钟计数值
        int   1ah
        mov   al,jiepai                ;18.2 次为 1000ms, 2 次约为 100ms
        add   al,speed
        cbw                            ;al 值转为 16 位 ax
        add   ax,dx                    ;加上当前时钟计数值,得到计数终值
        mov   bx,ax                    ;计数终值置入 bx
delay1:mov  ah,00h
        int   1ah                      ;取时钟计数值
        cmp   bx,dx                    ;到终值吗?
        jnz   delay1                   ;未到,继续延时
        call spk_off                   ;关闭蜂鸣器
        ret
beep endp
;/*------------------------------------------------------------------*/
;休止符延迟时间
nobeep proc    near
        call   spk_off                 ;关闭蜂鸣器
        mov ah,00h                     ;取时钟计数值
        int 1ah
        mov al,jiepai                  ;18.2 次为 1000ms, 2 次约为 100ms
        add al,speed
        cbw                            ;al 值转为 16 位 ax
        add ax,dx                      ;加上当前时钟计数值,得到计数终值
```

```
        mov bx,ax                    ;计数终值置入bx
delay2: mov ah,00h
        int 1ah                      ;取时钟计数值
        cmp bx,dx                    ;到终值吗?
        jnz delay2                   ;未到,继续延时
        ret
nobeep  endp
;/*------------------------------------------------------------*/
;音符间隔停顿时间
pause   proc near
        call spk_off                 ;关闭蜂鸣器
        mov ah,00h                   ;取时钟计数值
        int 1ah
        mov al,jiange                ;18.2 次为 1000ms, 2 次约为 100ms
        cbw                          ;al 值转为 16 位 ax
        add ax,dx                    ;加上当前时钟计数值,得到计数终值
        mov bx,ax                    ;计数终值置入 bx
delay3: mov ah,00h
        int 1ah                      ;取时钟计数值
        cmp bx,dx                    ;到终值吗?
        jnz delay3                   ;未到,继续延时
        ret
pause   endp
;/*------------------------------------------------------------*/
;开启蜂鸣器
spk_on  proc near
        push ax                      ;保存 ax 的值
        in al,61h                    ;获取 61h 端口的当前值
        or al,03h                    ;把 61h 端口低 2 位置 1,即打开蜂鸣器
        out 61h,al                   ;输出数据到 61h 端口
        pop ax                       ;恢复 ax 的值
        ret
spk_on  endp
;/*------------------------------------------------------------*/
;关闭蜂鸣器
spk_off proc near
        push ax                      ;保存 ax 的值
        in  al,61h                   ;获取 61h 端口的当前值
        and al,0fch                  ;把 61h 端口低 2 位置 0,即关闭蜂鸣器
        out 61h,al                   ;输出数据到 61h 端口
        pop ax                       ;恢复 ax 的值
        ret
spk_off endp
;/*------------------------------------------------------------*/
code    ends                         ;代码段结束
        end main                     ;主程序结束
;/*------------------------------------------------------------*/
```

5. 程序调试与运行

程序直接运行就可以正常工作，如果想要修改参数或添加新的歌曲，可以按照以下步骤操作：

（1）运行 ASM_MUSIC.EXE 音乐代码提取软件（网上可下载），按照歌谱，直接用鼠标单击逐个输入即可，输入完成后，用鼠标单击 END 键即可结束输入，然后复制、粘贴到源文件里面的相应位置。

（2）保存文档，接着用 MASM 汇编工具编译生成 EXE 文件。

（3）运行所生成的 EXE 文件即可。

6. 心得体会和参考文献

略。

8.3.2　实例 2——电子时钟的设计

1. 设计任务与要求

课题内容：①在出现的提示信息中输入大写字母"D"，可在屏幕的中央以"年/月/日"的形式显示系统当前日期；②输入大写字母"T"，可在屏幕的中央以"时：分：秒"的形式显示系统当前时间；③输入大写字母"Q"，可结束程序。

设计要求：①根据设计内容设计出硬件电路图并作详细的设计说明，最后绘出电路图；②画出程序流程框图，用汇编语言编写相应的控制程序；③进行系统的调试，完成软/硬件的仿真调试；④写出详细的设计报告。

2. 总体方案设计

（1）主程序设计思想。此程序要求结构化地显示系统时间和日期，程序要求能多次执行这两种操作并有退出选项。本程序可在 PC 机上完全通过汇编语言编程来实现，可编程设计 D-DATE（日期）、T-TIME（时间）和 Q-QUIT（退出）共 3 个选项以供用户选择，该 3 个选项可采用 3 个过程来实现。

用户在出现的提示信息中输入字母"D"或"d"，马上显示系统当前日期；输入字母"T"或"t"，马上显示系统当前时间；输入字母"Q"或"q"，则退出程序。

主程序主要实现与用户的交互，首先程序会提示用户想要进行什么操作。是显示 DATE、TIME 还是退出。这里给用户提供的选项是 D、T 和 Q。当用户输入选项之后，主程序要判断用户的输入调用相应的功能模块来满足用户的要求。假设用户输入字符为 X，那么首先将 X 与 D 比较。如果相同，则程序调用 DATE 模块为用户显示日期；若不为 D，则要继续与 T 相比较。相等则调用 TIME_DISPLAY 模块，不等则继续与 Q 相比较。相等则正常退出，不等则说明用户输入非法字符，主程序返回到选择界面用户可以继续选择。

（2）程序设计思想。在屏幕中央显示提示信息（提示用户输入"D"或"T"或"Q"）。然后对用户输入的字母进行判断，利用分支程序分别调用不同的子程序。两个子程序的功能分别是显示当前日期、显示当前时间。

需要用到的 DOS 功能调用：①调用字符输入功能，21H 中断的 1 号功能，定义宏 INPUT 方便字符输出；②调用字符输出功能，21H 中断的 2 号功能，定义宏 OUTPUT 方便字符输出；③调用光标重定位功能，10H 中断的 2 号功能，定义宏 SITE 实现光标定位；④宏定义 GETAHAL 获取相应数据到 AH 和 AL 中并转换为字符。

3. 软件设计

图 8-2、图 8-3 分别为主程序流程、子程序流程。

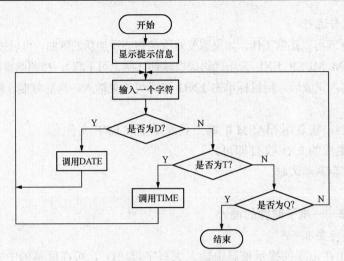

图 8-2　主程序流程图

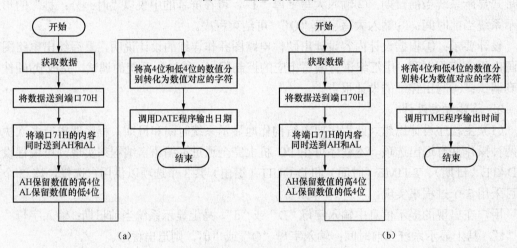

（a）　　　　　　　　　　　　　　　　　　　　（b）

图 8-3　子程序流程图

（a）DATE 子程序；（b）TIME 子程序

4. 源程序清单

```
DATAS SEGMENT                                        ;定义数据段
WELCOME DB 0AH, 0DH,
'********************************************************'
      DB 0AH, 0DH,'WELCOME YOU TO COME HERE!' ;提示界面
      DB 0AH, 0DH,'please input "D" "T" or "Q" to show data time OR exit!'
      DB 0AH, 0DH,'D:display system data:'
      DB 0AH, 0DH,'T:display system time:'
      DB 0AH, 0DH,'Q:quit.'
      DB 0AH, 0DH,'please input the char:'
      DB 0AH, 0DH,
'********************************************************',
      DB 0AH, 0DH,'$'
DATAS  ENDS
CODES  SEGMENT
```

```
                ASSUME CS: CODES, DS:DATAS
;宏定义 字符输入
INPUT   MACRO                         ;宏定义无参数的字符输入功能
        MOV AH, 01H                   ;系统调用 输入一个字符用于功能选择
        INT 21H                       ;字符默认输入到 AL 中
ENDM
;宏定义 字符输出
OUTPUT  MACRO   outchar               ;宏定义 将字符 outchar 输出
        PUSH DX
        PUSH AX
        MOV DL, outchar
        MOV AH, 02H                   ;系统调用 输出字符 outchar
        INT 21H                       ;调用系统中断
        POP AX
        POP DX
ENDM
;宏定义 光标跳转到指定的位置
SITE    MACRO   siteC, siteL          ;光标位置跳转到 C 行 L 列
        PUSH DX
        PUSH BX
        PUSH AX

        MOV DH, siteC                 ;行号
        MOV DL, siteL                 ;列号
        MOV AH, 02H
        INT 10H                       ;在当前光标处显示字符
        POP AX
        POP BX
        POP DX
ENDM
;宏定义 获取相应数据到 AH 和 AL 中并转换为字符
GETAHAL MACRO ctrlNum                 ;将 987 420 依次送至端口 70H,从端口 71H 可依次获得
                                      ;年/月/日 时:分:秒,每次获得的 8 位数值高 4 位
                                      ;和低 4 位各代表一个数值
        MOV AL, ctrlNum
        OUT 70H, AL      ;将控制数 ctrlNum 送至控制端口 70H,由 71H 端口输出相应数据
        IN  AL, 71H      ;将端口 71H 的内容同时送至 AH 和 AL 中
        MOV AH, AL
        MOV CL, 4
        SHR AH, CL                    ;AH 保留数值的高 4 位
        AND AL, 00001111B             ;AL 保留数值的低 4 位
        ADD AH, 30H                   ;将高 4 位的数值转换为数值对应的字符
        ADD AL, 30H                   ;将低 4 位转换字符
ENDM
START:  MOV AX, DATAS                 ;将数据段地址送到 AX 中
        MOV DS, AX                    ;由 AX 转送到 DS
        LEA DX,WELCOME
        MOV AH,9
        INT 21H
PPP:    SITE 15, 31                   ;移动光标
        INPUT
```

```
        CMP AL, 'D'
        JE DATE
        CMP AL, 'T'
        JE TIME
        CMP AL, 'Q'
        JE QUIT
        CMP AL, 'd'                ;小写输入支持
        JE DATE
        CMP AL, 't'
        JE TIME
        CMP AL, 'q'
        JE QUIT
        JMP PPP                    ;其他输入时跳转开始
DATE:   GETAHAL 9                  ;输出年
        SITE 12, 31                ;将光标移至 12 行 31 列
        OUTPUT AH
        SITE 12, 32
        OUTPUT AL
        SITE 12, 33
        OUTPUT '/'
        GETAHAL 8                  ;输出月
        SITE 12, 34
        OUTPUT AH
        SITE 12, 35
        OUTPUT AL
        SITE 12, 36
        OUTPUT '/'
        GETAHAL 7                  ;输出日
        SITE 12, 37
        OUTPUT AH
        SITE 12, 38
        OUTPUT AL
        SITE 15, 31                ;移动光标
        JMP PPP
TIME:   GETAHAL 4                  ;输出时
        SITE 12, 31
        OUTPUT AH
        SITE 12, 32
        OUTPUT AL
        SITE 12, 33
        OUTPUT ':'
        GETAHAL 2                  ;输出分
        SITE 12, 34
        OUTPUT AH
        SITE 12, 35
        OUTPUT AL
        SITE 12, 36
        OUTPUT ':'
        GETAHAL 0                  ;输出秒
        SITE 12, 37
        OUTPUT AH
        SITE 12, 38
```

```
          OUTPUT AL
          SITE 15, 31                    ;移动光标
          JMP PPP
QUIT:     MOV AH, 4CH                    ;调用 系统结束
          INT 21H
CODES     ENDS
          END START
```

5. 程序运行界面

图 8-4 为程序运行界面。

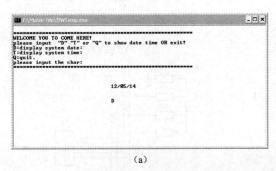 

　　　　　（a）　　　　　　　　　　　　　　　　　　（b）

图 8-4　程序运行界面

（a）显示日期；（b）显示时间

6. 心得体会和参考文献

略。

8.3.3　实例 3——数字钟的设计

1. 设计要求

设计一个接口与七段 LED 显示器，显示一个计时时钟，显示初值为 0，每隔 1s 改变一次显示值，60s 为 1min，60min 为 1h，LED 显示器循环显示时、分、秒的动态值。

2. 硬件设计

由于 8253A 芯片实现 1s 硬件定时虽很准确，但采用软件延时定时 1s，可简化电路和节约成本，且通过周密的计算循环的次数和循环嵌套的层数，也可提高定时精度，因此，本设计采用了软件定时方案。图 8-5、图 8-6 分别为本设计的原理示意图、硬件连接图。图中并行 I/O 接口采用 8255A 芯片，8255A 的 PA 口与端

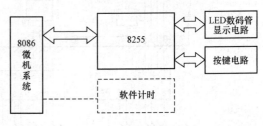

图 8-5　硬件连线原理图

控制端口相连，用于决定显示值（送段选码），PB 口也同段控制端口相连，决定显示值（送段选码），而 PC 口 8 位接两个位控制端口，用于决定哪个数码管显示（送位选码）。

系统工作时，首先，从 8255A 的 PA 口读取初始值，并进行显示时间，若按键有中断则响应中断操作。在 8255A 的 PB 口送段选码，PC 口送位选码后在 LED 显示器上显示时间；若中断操作为分钟加 1 或小时加 1，则将对应的值经段码表转换及程序转换后，在 PB 口输出作为段选码、PC 口输出位选码后，LED 显示器上显示时间；然后，判断之前设置的 1s 的时间常量有没有到，若 1s 时间到，则将时间加 1 后接着显示。

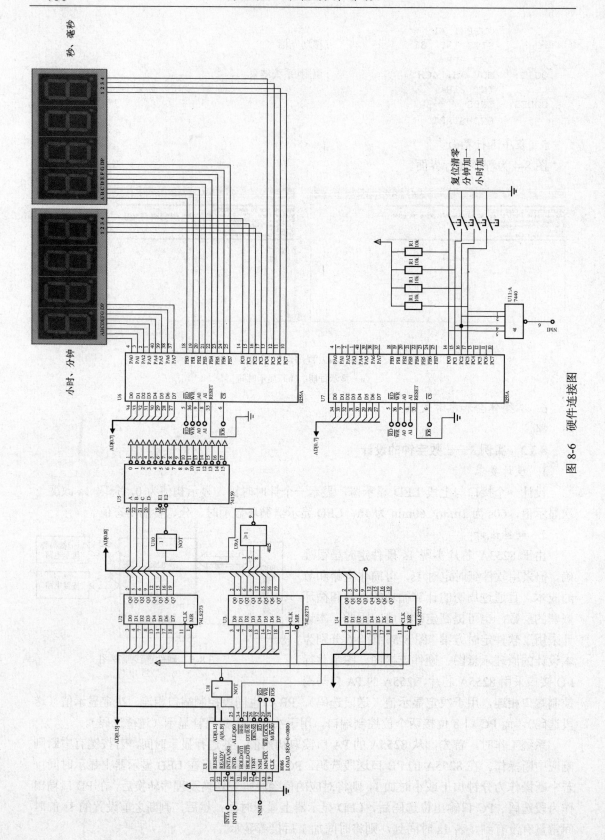

图 8-6　硬件连接图

3. 软件设计

图 8-7 为程序控制流程框图。首先对 8255A 进行初始化，然后开始读取开关量，判断是否需要修改时间，若需修改，则判断需修改哪位，随后将该位对应的时间区数据修改为逻辑开关 K1～K4 对应的值，若不需要修改则继续显示并循环判断，当 1s 时间到达时，则秒位加 1 计时显示。

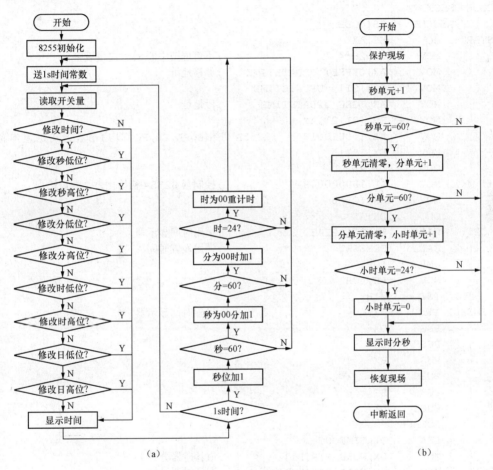

图 8-7 程序控制流程图

（a）主程序流程图；（b）中断操作流程图

（1）初始值设置。在程序中的数据段定义秒位数据 s，分位数据 min，时位数据 h，初始值都设为 00H，并在 LED 显示器上显示初值。

（2）8255 初始化。8255A 端口地址为：控制口 206H，PA 口 200H，PB 口 202H，PC 口 204H。8255 的工作方式设置为：PA 口、PB 口和 PC 口都用于输出，且都工作在方式 0。

（3）1s 时间的设定。执行一个循环程序，通过循环次数和循环嵌套的层数来调节计时时间的长短，该循环次数处定为 0100h。

（4）计时过程。显示计时并循环判断。从初值开始显示，当 1s 时间到时秒位加 1 计时显示，并判断秒位是否为 60。若不是，则直接显示时间；若是，则将秒位置 0，分位加 1。接着判断分位是否为 60，若不是，则直接显示；若是，则将分位置 0，时位加 1。然后判断时位是否为 24，若不是，则直接显示；若是，则将时位置 0，日期加 1，并判断日期是否加到 31，若是，则将日期清零，重新计时。如此循环。

4. 源程序代码

```
IO1      EQU 200H
IO2      EQU 400H
CODE  SEGMENT    'CODE'
      ASSUME    CS:CODE
START:   MOV    ES,AX
         MOV    SI,2H*4                  ;不可屏蔽中断 NMI 向量设置
         MOV    AX,OFFSET UPDATETIME     ;偏移地址
         MOV    ES:[SI], UPDATETIME
         MOV    AX, SEG UPDATETIME       ;段地址
         MOV    ES:[SI+2],AX
         MOV    AL,10001001B      ;8255A 初始化,PA,PB,PC 口均工作在方式 0,基本输出
         MOV    DX,IO1+6
         OUT    DX,AL
         MOV    AL,10000000B            ;控制器 8255A 初始化,PC 端口输出
         MOV    DX,IO2+6
         OUT    DX,AL
LOP1:    CALL   TIMEDISPLAY             ;调用时间显示器
         CALL   TIMESET                 ;调用设置时间
         JMP    LOP1
         MOV    AH,4CH
         INT    21H
TIMESET PROC                            ;设置时间显示器
         PUSH   DX
         PUSH   CX
         PUSH   BX
         PUSH   AX
         PUSH   SI
         PUSH   DI
         PUSHF
         LEA    DI,TIMEOUT
         MOV    DX,WORD PTR[DI]         ;取计时器分钟
         MOV    CX,WORD PTR[DI+2]       ;取计时器秒钟
         MOV    BX,WORD PTR[DI+4]       ;取计时器分钟
         MOV    AX,WORD PTR[DI+6]       ;取计时器秒钟
         XCHG   AH,AL                   ;由于内存关系,高低位交换
         XCHG   BH,BL
         XCHG   CH,CL                   ;由于内存关系,高低位交换
         XCHG   DH,DL
         CMP    AL,9 ;毫秒 100 进 1,与 9 相比,若相等则加 1 后向高位进 1,否则直接加 1
         JNZ    NEXT2
         MOV    AL,-1                   ;因为都要加 1,所以要显示 0,这里给-1 值
         CMP    AH,9
         JNZ    NEXT3
         MOV    AH,-1
         CMP    BL,9
         JNZ    NEXT4
         MOV    BL,-1
```

```
          CMP      BH,5                     ;秒60进1
          JNZ      NEXT5
          MOV      BH,-1
          CMP      CL,9
          JNZ      NEXT6
          MOV      CL,-1
          CMP      CH,5                     ;分60进1
          JNZ      NEXT7
          MOV      CH,-1
          CMP      DL,9
          JNZ      NEXT8
          MOV      DL,-1
          CMP      DH,2                     ;24小时
          JNZ      NEXT9
          MOV      DH,-1
NEXT9:    INC      DH                       ;加1操作
NEXT8:    INC      DL
NEXT7:    INC      CH
NEXT6:    INC      CL
NEXT5:    INC      BH
NEXT4:    INC      BL
NEXT3:    INC      AH
NEXT2:    INC      AL
          XCHG     AH,AL                    ;由于内存关系,高低位交换
          XCHG     BH,BL
          XCHG     CH,CL                    ;由于内存关系,高低位交换
          XCHG     DH,DL
          MOV      WORD PTR[DI],DX          ;取计时器分钟
          MOV      WORD PTR[DI+2],CX        ;取计时器秒钟
          MOV      WORD PTR[DI+4],BX        ;取计时器分钟
          MOV      WORD PTR[DI+6],AX        ;取计时器秒钟
          POPF
          POP      DI
          POP      SI
          POP      AX
          POP      BX
          POP      CX
          POP      DX
          RET
TIMESET ENDP
TIMEDISPLAY       PROC                      ;调用时间显示器
          PUSH     CX
          PUSH     BX
          PUSH     AX
          PUSH     SI
          PUSH     DI
          PUSHF
```

```
            MOV     CL,77H                  ;01110111 循环右移
            MOV     CH,0
            LEA     SI,TIMEOUT
            MOV     DI,SI
            ADD     DI,4
DISP2:      MOV     AL,CL                   ;输出位码
            MOV     DX,IO2+4
            OUT     DX,AL
            MOV     BX,OFFSET LEDTAB        ;输出 PA 段码
            MOV     AL,[SI]
            XLAT
            MOV     DX,IO2
            OUT     DX,AL
            MOV     BX,OFFSET LEDTAB        ;输出 PB 段码
            MOV     AL,[DI]
            XLAT
            MOV     DX,IO2+2
            OUT     DX,AL
            CALL    DISPLAY                 ;延时
            MOV     AL,0H                   ;清空 PA 端口的内容
            MOV     DX,IO2
            OUT     DX,AL
            MOV     AL,0H                   ;清空 PB 端口的内容
            MOV     DX,IO2+2
            OUT     DX,AL
            INC     DI
            INC     SI
            ROR     CL,1
            INC     CH
            CMP     CH,4
            JZ      NEXTTIME
            JMP     DISP2
NEXTTIME:POPF
            POP     DI
            POP     SI
            POP     AX
            POP     BX
            POP     CX
            RET
TIMEDISPLAY ENDP
DISPLAY PROC                                ;延时
            PUSH    CX
            PUSH    BX
            MOV     BX,10H
D1:         MOV     CX,0FH
D2:         LOOP    D2
            DEC     BX
```

```
            JNZ     D1
            POP     BX
            POP     CX
            RET
DISPLAY ENDP
UPDATETIME  PROC
            CLI
            PUSH    DX
            PUSH    CX
            PUSH    AX
            PUSH    SI
            PUSHF
            MOV     DX,IO1+4
            IN      AL,DX
            CMP     AL,11111110B          ;清零
            JZ      A5
            CMP     AL,11111101B          ;分钟加1
            JZ      A4
            CMP     AL,11111011B          ;小时加1
            JZ      A3
            JMP     NEXTOUT
A5:         LEA     DI,TIMEOUT
            MOV     AX,0
            MOV     WORD PTR[DI],0        ;取计时器分钟
            MOV     WORD PTR[DI+2],0      ;取计时器秒钟
            MOV     WORD PTR[DI+4],0      ;取计时器分钟
            MOV     WORD PTR[DI+6],0      ;取计时器秒钟
            JMP     NEXTOUT
A4:         LEA     DI,TIMEOUT
            MOV     DX,WORD PTR[DI]       ;取计时器分钟
            MOV     CX,WORD PTR[DI+2]     ;取计时器秒钟
            XCHG    CH,CL                 ;由于内存关系,高低位交换
            XCHG    DH,DL
            CMP     CL,9
            JNZ     N6
            MOV     CL,-1
            CMP     CH,5
            JNZ     N7
            MOV     CH,-1
            CMP     DL,9
            JNZ     N8
            MOV     DL,-1
            CMP     DH,2
            JNZ     N9
            MOV     DH,-1
N9:         INC     DH
N8:         INC     DL
```

```
N7:      INC    CH
N6:      INC    CL
         XCHG   CH,CL                        ;由于内存关系,高低位交换
         XCHG   DH,DL
         MOV    WORD PTR[DI],DX              ;取计时器分钟
         MOV    WORD PTR[DI+2],CX            ;取计时器秒钟
         JMP    NEXTOUT
A3:      LEA    DI,TIMEOUT
         MOV    DX,WORD PTR[DI]              ;取计时器分钟
         XCHG   DH,DL
         CMP    DL,9
         JNZ    X8
         MOV    DL,-1
         CMP    DH,2
         JNZ    X9
         MOV    DH,-1
X9:      INC    DH
X8:      INC    DL
         XCHG   DH,DL
         MOV    WORD    PTR[DI],DX           ;取计时器分钟
NEXTOUT:POPF
         POP    SI
         POP    AX
         POP    CX
         POP    DX
         STI
         IRET
UPDATETIME ENDP
TIMEOUT DB   0,0,0,0,0,0,0,0                 ;初值显示小时、分钟、秒、毫秒
LEDTAB  DB   3FH,06H,5BH,4FH,66H,6DH,7DH,07H,7FH,6FH   ;段码表
CODE    ENDS
        END START
```

5. 系统调试与运行

本设计采用 Proteus 集成软件开发环境。先对硬件和软件采用分块调试,其中硬件电路可分为 8086CPU 译码电路、时间显示电路、中断控制电路 3 部分,而软件程序也分为 8255A 初始化、读入初值和循环操作、显示出数字量共 3 部分。硬件和软件分别调试完毕后,再进行硬软联机调试。通过系统调试后,系统就可正常运行了。当程序开始全速运行时,LED 显示器上显示 "00 00 00 00",1s 后变为 "00 00 01",这样每隔 1s 秒位加 1,显示 "00 00 59" 的后 1s 显示为 "00 01 00",显示 "23 59 59" 的后 1s 显示为 "00 00 00"。3 个按键分别用于实现复位清零、分钟加 1、小时加 1 的系列校时操作,按下复位后,数码管显示初值,加 1 即在原来基础上进行。图 8-8 为程序运行效果图。

6. 心得体会和参考文献

略。

8.3.4　实例 4——简易计算器的设计

1. 设计任务

基本任务:用 8086 设计一个能实现 0~9 整数加法运算的计算器,并用 2 位 LED 数码显

示。键盘包括 0～9、"+"和"="12 个按键。

拓展任务：键盘新增加 4 个按键，分别为"C"、"-"、"*"和"/"。能实现简单的清 0 操作、减法运算、乘法运算和除法运算。

2. 设计要求

（1）画出连接线路图或功能模块引脚连接图；

（2）采用 8088CPU 作主控制器，8255 作为并行接口电路实现按键的扫描以及数码管的显示；

（3）采用 2 个共阴极型 LED，只需显示 0～99 范围内的值。

3. 系统功能

（1）能实现 1 位的加运算。例如：9+9=18，通过按键分别输入"9"、"+"、"9"、"="后，LED 灯上将显示出"18"；

（2）能实现 1 位的减运算，且不能出现负数。例如：9-8=1，通过按键分别输入"9"、"-"、"8"、"="后，LED 灯上将显示出"01"；

（3）能实现 1 位的乘法运算。例如：3×5=15，通过按键分别输入"3"、"*"、"5"、"="后，LED 灯上将显示出"15"；

（4）能实现 1 位的除法运算，且只能显示商整数的部分。例如：9/3=3，通过按键分别输入"9"、"/"、"3"、"="后，LED 灯上将显示出"03"；

（5）能实现清 0 操作。当按下 C 时，LED 上显示"00"。

4. 设计总体方案

通过 8255A 的 C 口实现开关矩阵键盘的接入，通过键盘的不断扫描，如果有按键按下，通过查表法分别将输入的数据读入到 AL 并保存在 NUM1 和 NUM2 中，将输入的字符保存在 OPER 中。将 8255A 的 A 端口和 B 端口分别接上共阴极的 LED 灯，将输入的数据通过查表法，将七段码送共阴极的 LED 灯显示。当按下"="时，通过判断出 OPER 中的字符，8086 来实现不同的操作，并将结果在 LED 灯上显示。当按下"C"时，将数据先清零，同时 LED 灯上显示为"00"。

设计说明：

（1）共阴极的 LED 灯上显示输入的数据和显示结果；

（2）键盘实现数字 0～9 的输入，功能键分别对应"C"、"+"、"-"、"*"、"/"、"="；

（3）运算顺序，先按下数字键，接着按下功能键，再按下数字键，当按下"="时，将结果显示在 LED 灯上。按下"C"时，重新实现运算。

5. 硬件电路设计

图 8-9 为硬件电路设计图。键盘输入及 LED 数码管通过 8255A 接口与系统总线连接，键盘的 16 个按键组成 4×4 矩阵，其中 4 根矩阵线作为 8255A 的输出线与 PC3～PC0 连接，4 根矩阵线作为 8255A 的输入线与 PC7～PC4 连接。键盘采用逐次扫描原理，16 个按键中 0～9 为数字键，+、-、*、/、=作为加、减、乘、除、等号功能键，C 为清零键。共阴极 LED 通过与 8255A 的 PA 口和 PB 口连接，LED 采用静态显示，用于显示输入的数和结果。

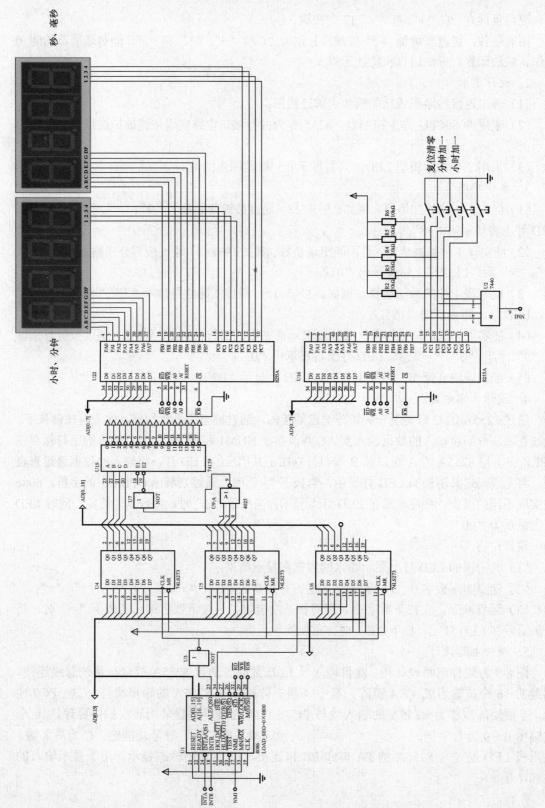

图 8-8　程序运行效果

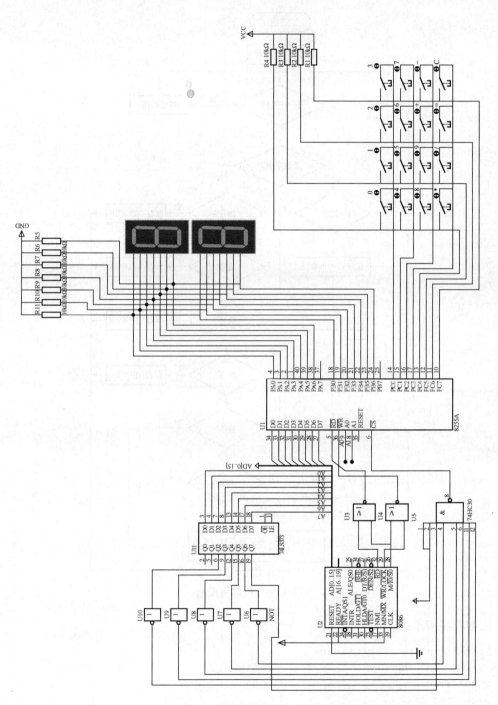

图 8-9　硬件电路设计图

6. 软件设计与实现

图 8-10 为程序流程图。

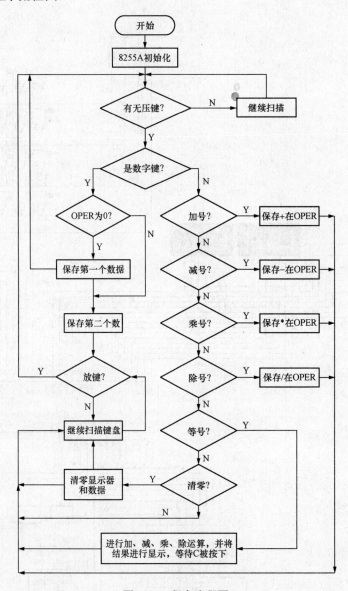

图 8-10　程序流程图

汇编程序清单:

```
Stack segment stack 'stack'
   dw   64  dup(0)
stack ends
data  segment
KEYTAB  DB   0E7H,0EBH,0DBH,0BBH,0EDH,0DDH,0BDH,0EEH,0DEH,0BEH
        DB   7EH,7DH,7BH,77H,0B7H,0D7H
SEGPT   DB   3FH,06H,5BH,4FH,66H,6DH,7DH,07H,7FH,6FH
NUM1    DB   0
```

```
NUM2    DB    0
OPER    DB    0
data    ends
code    segment
main    proc far
        assume  ss:stack,cs:code,ds:data
        push    ds
        sub     ax,ax
        push    ax
        mov     ax,data
        mov     ds,ax
        MOV     DX,383H         ;初始化 8255A
        MOV     AL,88H
        OUT     DX,AL
LOP1:   MOV     DX,382H         ;进行全键盘检测
        MOV     AL,0
        OUT     DX,AL
        MOV     DX,382H         ;判断是否有键按下
        IN      AL,DX
        AND     AL,0F0H
        CMP     AL,0F0H
        JE      LOP1
        MOV     BX,0            ;数据区的位移量送 BX
        MOV     AH,77H          ;检测键盘行的输出值
LOP2:   MOV     DX,382H         ;检测键盘的一行
        MOV     AL,AH
        OUT     DX,AL
        MOV     DX,382H
        IN      AL,DX
        AND     AL,0F0H
        CMP     AL,0F0H
        JNE     LOP3
        ROR     AH,1            ;该行无键闭合检测另一行
        JMP     LOP2
LOP3:   AND     AH,0FH
        OR      AL,AH
LOP4:   CMP     AL,KEYTAB[BX]   ;将闭合的按键值转换为该键代表的数
        CMP     BX,9            ;判断是否为数字 0~9 中的数
        JLE     LOP5
        CMP     BX,0EH          ;判断是否为"="号
        JE      DISP            ;为"="则进行显示结果
        CMP     BX,0AH          ;判断是否为"+"
        JE      LOP6            ;
        CMP     BX,0BH          ;判断是否为"-"
        JE      LOP6            ;
        CMP     BX,0CH          ;判断是否为"*"
        JE      LOP6            ;
        CMP     BX,0DH          ;判断是否为"/"
        JE      LOP6            ;
        CMP     BX,0FH          ;判断是否为"C"
        JE      CLEAR           ;进入清 0 程序
        INC     BX
        JMP     LOP4
```

```
LOP5:    MOV     AL,SEGPT[BX]    ;将按键值送出来显示
         MOV     DX,381H         ;将按键值送 8255A 的 B 口显示
         OUT     DX,AL
         CMP     OPER,0          ;
         JE      LOP7            ;
         MOV     NUM2,BL         ;保存第二个数
         JMP     LOP1
LOP6:    MOV     OPER,BL         ;保存运算符
         JMP     LOP1
LOP7:    MOV     NUM1,BL         ;保存第一个数
         JMP     LOP1            ;
DISP:    MOV     CL,OPER         ;将运算符送入 cl 中
         CMP     CL,0AH
         JE      ADD1            ;进入加法运算程序
         CMP     CL,0BH
         JE      SUB1            ;进入减法运算程序
         CMP     CL,0CH
         JE      MUL1            ;进入乘法运算程序
         CMP     CL,0DH
         JE      DIV1            ;进入除法运算程序
ADD1:    MOV     AL,NUM1
         ADD     AL,NUM2         ;进行两个数的加法运算
         MOV     CH,AL           ;暂存运算结果
         MOV     CL,10           ;准备显示结果
         MOV     AH,0            ;将 8 位二进制码扩展成 16 位二进制码
         DIV     CL              ;
         MOV     BL,AH           ;暂存运算后的个位
         MOV     BH,0            ;
         MOV     DX,381H         ;
         MOV     AL,SEGPT[BX]    ;
         OUT     DX,AL           ;运算的个位的结果送 B 口显示
         MOV     AL,CH           ;将运算结果送回 AL 中
         MOV     AH,0            ;将 8 位二进制码扩展成 16 位二进制码
         DIV     CL              ;
         MOV     AH,0            ;
         DIV     CL              ;将运算结果的十位保存在 AH 中
         MOV     BL,AH           ;暂存运算后的十位
         MOV     BH,0            ;
         MOV     DX,380H         ;
         MOV     AL,SEGPT[BX]    ;
         OUT     DX,AL           ;运算的十位的结果送 A 口显示
         JMP     LOP1            ;等待清 0 键按下
SUB1:    MOV     AL,NUM1
         ADD     AL,NUM2         ;进行两个数的减法运算
         MOV     CH,AL           ;暂存运算结果
         MOV     CL,10           ;准备显示结果
         MOV     AH,0            ;将 8 位二进制码扩展成 16 位二进制码
         DIV     CL              ;
         MOV     BL,AH           ;暂存运算后的个位
         MOV     BH,0            ;
         MOV     DX,381H         ;
         MOV     AL,SEGPT[BX]    ;
         OUT     DX,AL           ;运算的个位的结果送 B 口显示
```

```
            MOV     AL,CH           ;将运算结果送回 AL 中
            MOV     AH,0            ;将 8 位二进制码扩展成 16 位二进制码
            DIV     CL              ;
            MOV     AH,0            ;
            DIV     CL              ;将运算结果的十位保存在 AH 中
            MOV     BL,AH           ;暂存运算后的十位
            MOV     BH,0            ;
            MOV     DX,380H         ;
            MOV     AL,SEGPT[BX]    ;
            OUT     DX,AL           ;运算的十位的结果送 A 口显示
            JMP     LOP1            ;等待清 0 键按下

MUL1:       MOV     AL,NUM1
            MUL     NUM2            ;进行两个数的乘法运算
            MOV     CH,AL           ;暂存运算结果
            MOV     CL,10           ;准备显示结果
            MOV     AH,0            ;将 8 位二进制码扩展成 16 位二进制码
            DIV     CL              ;
            MOV     BL,AH           ;暂存运算后的个位
            MOV     BH,0            ;
            MOV     DX,381H         ;
            MOV     AL,SEGPT[BX]    ;
            OUT     DX,AL           ;运算的个位的结果送 B 口显示
            MOV     AL,CH           ;将运算结果送回 AL 中
            MOV     AH,0            ;将 8 位二进制码扩展成 16 位二进制码
            DIV     CL              ;
            MOV     AH,0            ;
            DIV     CL              ;将运算结果的十位保存在 AH 中
            MOV     BL,AH           ;暂存运算后的十位
            MOV     BH,0            ;
            MOV     DX,380H         ;
            MOV     AL,SEGPT[BX]    ;
            OUT     DX,AL           ;运算的十位的结果送 A 口显示
            JMP     LOP1            ;等待清 0 键按下
DIV1:       MOV     AL,NUM1
            MOV     AH,0
            DIV     NUM2            ;进行两个数的除法运算
            MOV     CH,AL           ;暂存运算结果
            MOV     CL,10           ;准备显示结果
            MOV     AH,0            ;将 8 位二进制码扩展成 16 位二进制码
            DIV     CL              ;
            MOV     BL,AH           ;暂存运算后的个位
            MOV     BH,0            ;
            MOV     DX,381H         ;
            MOV     AL,SEGPT[BX]    ;
            OUT     DX,AL           ;运算的个位的结果送 B 口显示
            MOV     AL,CH           ;将运算结果送回 AL 中
            MOV     AH,0            ;将 8 位二进制码扩展成 16 位二进制码
            DIV     CL              ;
            MOV     AH,0            ;
            DIV     CL              ;将运算结果的十位保存在 AH 中
            MOV     BL,AH           ;暂存运算后的十位
            MOV     BH,0            ;
            MOV     DX,380H         ;
```

```
          MOV      AL,SEGPT[BX]      ;运算的十位的结果送 A 口显示
          OUT      DX,AL            ;运算的十位的结果送 A 口显示
          JMP      LOP1             ;等待清 0 键按下
CLEAR:    MOV      SI,OFFSET NUM1    ;将数据 1 的偏移地址给 si
          MOV      AL,0             ;
          MOV      [SI],AL          ;将数据清 0
          MOV      SI,OFFSET NUM2    ;将数据 2 的偏移地址给 si
          MOV      AL,0             ;
          MOV      [SI],AL          ;将数据 2 清 0
          MOV      SI,OFFSET OPER    ;将运算符标志的偏移地址给 si
          MOV      AL,0             ;
          MOV      [SI],AL          ;将运算符清 0
          MOV      DX,380H          ;将 LED 灯进行显示的十位清 0
          MOV      AL,SEGPT[0]      ;
          OUT      DX,AL
          MOV      DX,381H          ;将 LED 灯进行显示的个位清 0
          MOV      AL,SEGPT[0]      ;
          OUT      DX,AL
          JMP      LOP1             ;重新进行键盘检测
          ret
main      endp
code      ends
          end  main
```

7. 心得体会和参考文献

略。

8.3.5　实例 5——温度控制系统的设计

1. 设计任务

本设计要求设计一种基于 8086 微处理器的温度控制系统,它采用温度传感器 AD590 采集温度数据,CPU 控制温度值稳定在预设温度。当温度低于预设温度值时系统启动电加热器,当这个温度高于预设温度值时断开电加热器。数码管上输出的数字就是对应于所测量的实际温度。

2. 整体方案设计

图 8-11 为系统原理框图。根据实际需要设置温度并进行重新控制调节,使温度达到某设定值并保持稳定。这里把最大值设为 76.8℃。当设置温度大于 76.8℃时,系统就会报错并退出系统。

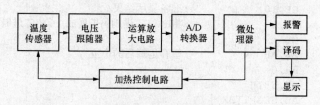

图 8-11　系统原理框图

3. 系统硬件设计

图 8-12 为系统硬件电路的总体结构图。本系统在 8086 微处理器为核心的基础上,再扩展 8255A、ADC0809、8279、AD590、LED 数码管、继电器等器件,从而构成整个硬件系统。

（1）温度测量。温度信息由温度传感器 AD590 测量并转换成μA 级的电流信号,经过运算放大电路将温度传感器输出的小信号进行跟随放大到 0～5V。

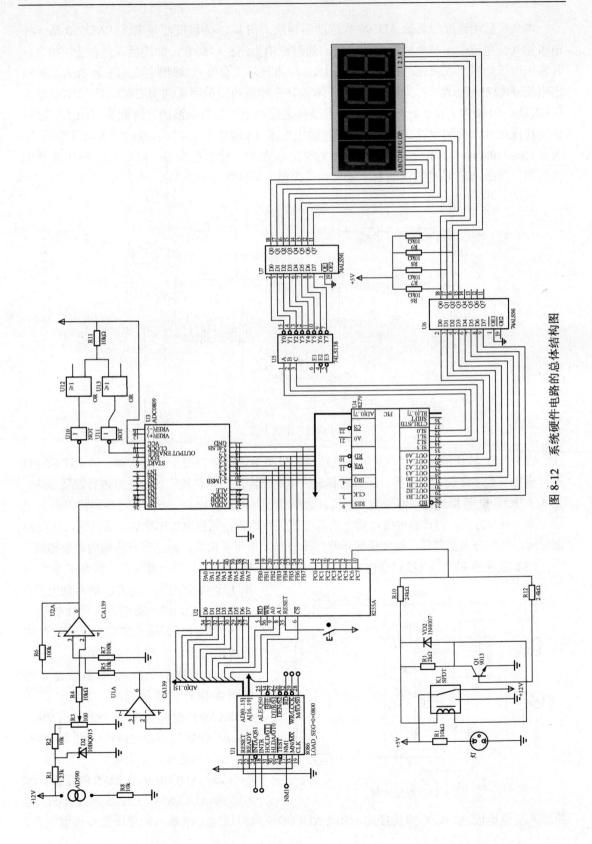

图 8-12　系统硬件电路的总体结构图

本系统选用温度传感器 AD590 构成测温系统。图 8-13 为温度测量电路。AD590 是一种电压输入、电流输出型集成温度传感器，测温范围为-55～150℃，非线性误差在±0.30℃，其输出电流与温度成正比，温度每升高 1K（K 为开尔文温度），输出电流就增加 1μA。其输出电流 $I=(273+T)\mu A$（T 为摄氏温度）。本设计中串联电阻的阻值选用 2kΩ，所以输出电压 $U=(2.73+T/100)V$。由于一般电源供应多器件之后，电源是带杂波的，因此使用稳压二极管作为稳压元件，再利用可变电阻分压，其输出电压 U_1 需调至 2.73V。差动放大器其输出 U_0 为（100K/10K）×（U_2-U_1）=$T/10$，如果现在为 28℃，输出电压为 2.8V。输出电压接 A/D 转换器，那么 A/D 转换输出的数字量就和摄氏温度呈线性比例关系。

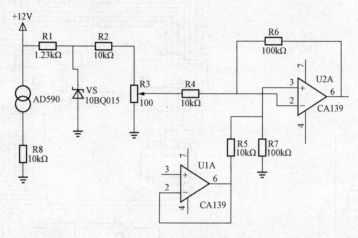

图 8-13　温度测量

（2）A/D 转换与显示。为满足系统对输入模拟量进行处理要求，需扩展一片 ADC0809 进行模拟—数字量转化。这样，经过运算放大电路将温度传感器输出的小信号进行跟随放大，输入 ADC0809 转换成数字信号输入主机。数据经过标度转换后，一方面通过数码管将温度显示出来；另一方面，将该温度值与设定的温度值进行比较，调整电加热炉的开通情况，从而控制温度。再断开电加热器，温度仍然异常，报警器发出声音报警，提示采取相应的调整措施。

（3）温度控制。当 8255 的 PC6 为高电平时，三极管导通，继电器吸合，向加热系统输出 12V 电压加热；反之，输入低电平，三极管截止，继电器断开，停止加热。二极管的作用是吸收继电器端开时产生的浪涌电压，如图 8-14 所示。

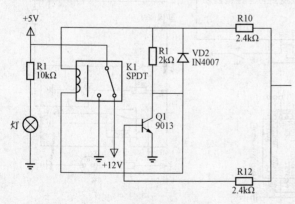

图 8-14　温度控制

（4）I/O 接口的扩展。图 8-15 为 8086 的可编程外设接口电路。本设计采用 8255A 来扩展并行接口，8255 的 $\overline{CS}$、A1、A0 分别与 8086 的高位地址线 A19、A1、A0 相连接。

（5）ADC0809 与 8255 的连接。图 8-16 为 ADC0809 与 8255 的连接图。模拟输入通道地址 A、B、C 直接接地，因此 ADC0809 只对通道 IN0 输入的电压进行模数转换。

为了减少输入噪声其他通道直接接地。ADC0809 的数据线 D0~D7 与 8255 的 PB0~PB7 相连接。ADC0809 的片选 $\overline{CS}$ 与 8086 的地址/数据总线 AD14 相连接。

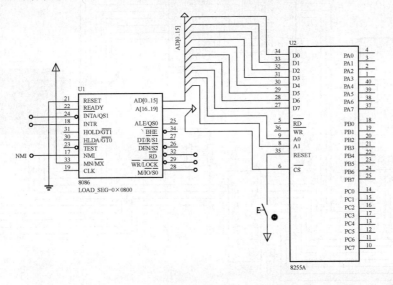

图 8-15　8086 的可编程外设接口电路

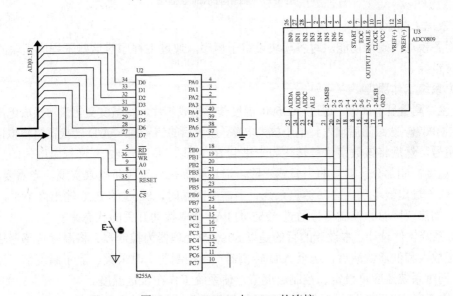

图 8-16　ADC0809 与 8255 的连接

（6）键盘/显示接口扩展。图 8-17 为数据显示部分原理图，图中 8 位驱动器 74ALS541也可更换为 BIC8718 等芯片。为满足温度显示的需要，本设计还选择 8279 芯片完成键盘键入和 LED 显示控制。8279 能完成键盘输入和显示控制两种功能。键盘部分提供一种扫描的工作方式，可以和具有 64 个按键的矩阵键盘相连接，能对键盘不断扫描，自动消抖，自动识别按下的键并给出编码，能对双键或 n 键同时按下实行保护。显示部分为发光二极管、荧光管及其他显示器提供了按扫描方式工作的显示接口，它为显示器提供多路复用信号，可以显示多达 16 位的字符或数字。

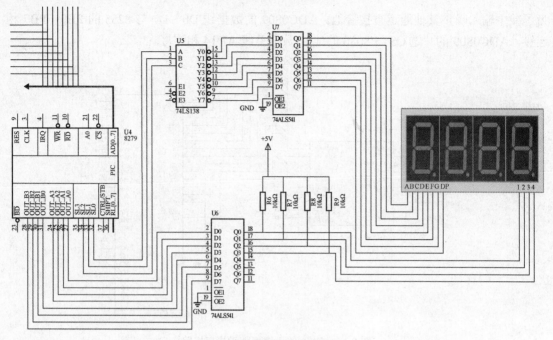

图 8-17　数据显示部分框图

4. 系统工作原理及软件设计

针对各模块的硬件功能，对各模块设定子程序，通过主程序对这些子程序模块的调用，完成软件设计。

（1）系统工作原理。

1）温度测量显示部分。通过 AD590 温度传感集成芯片，将温度变化量转换成电压值变化量，经过 OP07 一级跟随后输入到电压放大电路，放大后的信号输入 A/D 转换器将模拟信号转换成数字信号，然后将该数字信号转化为十进制 BCD 码，并送到 8279 进行温度值的显示。

2）温度控制部分。温度的上升或下降，通过给加热系统通断电来实现。当需要加热时，8255 的 PC6 输出低电平，启动加热系统。当需要降温时，8255 的 PC6 输出高电平，关闭加热系统。加热或降温的控制信号通过 8255 的 PA0 读取拨动开关的状态来实现。

（2）系统软件设计。本设计的目的是以 8086 微处理器为控制器，将温度传感器输出的小信号经过放大和低通滤波后，送至 A/D 转换器；微控制器实时采集、显示温度值（要求以℃显示），同时系统还应可设定、控制温度值，使系统工作在设定温度。

1）主程序流程图。通过开始界面，显示提示信息，调用温度子程序，设置温度。通过模数转换器采集 A/D 值并求其平均值。调用 BCD 码转换子程序将其转换为十进制温度值；调用显示子程序，如果高于实际温度就加热，反之拨动开关关闭，停止加热。在此过程中，还可以重复设置温度值。其流程图如图 8-18 所示。

2）BCD 码转换子程序。设定温度为 0℃时变换放大电路送出的模拟量为 0.0V，此时 A/D 输出的数字量为 00H；温度为 76.5℃时变换器送出对应电压 4.98V，此时 A/D 输出的数字量为 FFH，即每 0.3℃对应 1LSB 的变化量，对应电压值为 19.5mV。报警温度设定为 76.8℃，此时，输出电压约为 5.0V。其流程图如图 8-19 所示。

3）显示子程序。采用动态显示方式，其流程图如图 8-20 所示。

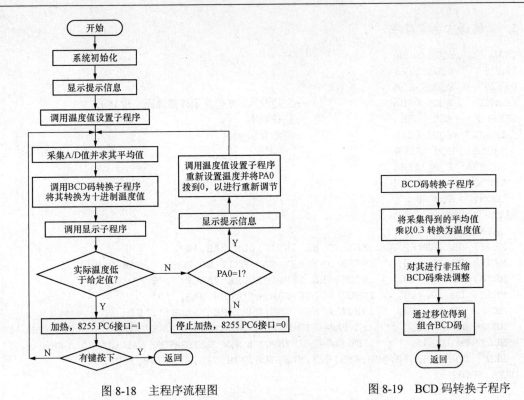

图 8-18　主程序流程图

图 8-19　BCD 码转换子程序

4）温度值设置子程序。为了避免加热温度过高，在程序设计中加的设定值不能大于 76.8℃，否则就认为有错系统报警。其流程图如图 8-21 所示。

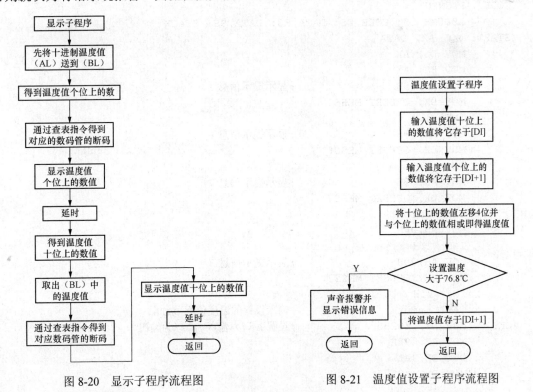

图 8-20　显示子程序流程图

图 8-21　温度值设置子程序流程图

5. 汇编语言参考程序

```
CSAD      EQU  209H
Z8279     EQU  212H
D8279     EQU  210H
LEDMOD    EQU  00H                   ;左边输入，8 位显示外部译码 8 位显示
LEDFEQ    EQU  38H                   ;扫描频率
  LEDCLS  EQU  0C1H                  ;清除显示 RAM
  Z8255   EQU  21BH
  Z8255A  EQU  218H
  Z8255C  EQU  21AH
  COUNT   EQU  8
DATA SEGMENT
  DATA1 DB  4  DUP(?)
  MESS1 DB 'ENTER ANY KEY TO BEGIN!' ,0DH,0AH,'$'
  MESS2 DB 10, 13, ' ENTER ANY KEY CAN EXIT TO DOS!' ,0DH,0AH, '$'
  MESS3 DB 10, 13, ' INPUT THE TEMPERATURE VALUE:','$'
  MESS4 DB 10, 13, ' INPUT VALUE ERROR!',0DH,0AH, '$'
  MESS5 DB 10, 13, ' INPUT A NEW TEMPERATURE VALUE:','$'
  MESS6 DB 10, 13,' *** LET PA0=0 TO ADJUST THE TEMPERATURE VALUE!***',0DH,0AH,'$'
  MESS7 DB 10, 13, ' *** LET PA0=1 TO INPUT A NEW TEMPERATURE VALUE!***', 0DH,0AH,'$'
  LED   DB  3FH,06H,5BH,4FH,66H,6DH,7DH,07H,7FH,6FH,77H,7CH,39H
DATA ENDS
  STACK SEGMENT  SRACK
  STA   DW  50  DUP(?)
  TOP   EQU LENGTH STA
  STACK ENDS
CODE   SEGMENT
       ASSUME CS: CODE,DS: DATA,ES: DATA,SS: STACK
START: MOV AX, DATA
       MOV DS, AX
       MOV ES, AX
       MOV AH,09H                    ;显示提示信息 1
       MOV DX, OFFSET MESS1
       INT 21H
       MOV AH,09H                    ;显示提示信息 6
       MOV DX, OFFSET MESS6
       INT 21H
       MOV AH,09H                    ;显示提示信息 7
       MOV DX, OFFSET MESS7
       INT 21H
       MOV AH,08H
       INT 21H
       MOV AH,09H                    ;显示提示信息 3
       MOV DX, OFFSET MESS3
       INT 21H
       CALL input                    ;输入设置的温度值存 DATA1
OK:    MOV DX, Z8255                  ;设置 A 口为输入，C 口为输出
       MOV AL, 92H
       OUT DX, AL
       MOV DX, Z8255C
```

```
        MOV AL, 00H
        OUT DX, AL
        CALL delay
        CALL delay
        MOV DX, Z8279          ;初始化 8279
        MOV AL, LEDMOD
        OUT DX, AL
        MOV AH, 09H            ;显示提示信息 2
        MOV DX, OFFSET MESS2
        INT 21H
BEGIN:  MOV BX, 0
        MOV CL, COUNT
        MOV CH, 0
BB:     MOV DX, CSAD           ;启动 A/D
        MOV AX, 0
        OUT DX, AL
        CALL delay
        IN  AL, DX             ;采样 A/D 值
        ADC BX, AX             ;求平均值
        LOOP BB
        MOV AX, BX
        RCR AX, 1
        RCR AX,
        RCR AX, 1
        CALL changtoBCD        ;转化为十进制的温度值
        MOV DI, OFFSET DATA1
        MOV [DI+3] , AL
        CALL DIS
        MOV DI, OFFSET DATA1
        MOV BL, [DI+2]         ;取输入值
        MOV AL, [DI+3]         ;取实际值
        CMP AL, BL             ;实际值与输入值比较
        JB  UP                 ;小于则加热
        MOV DX, Z8255A         ;否则读开关量
        IN  AL, DX
        AND AL, 01H
        JZ DOWN                ;PA0=0 则停止加热
        MOV AH, 09H            ;PA0=1 则设置新的温度值,
                               ;并将 PA0 切换到 0 进行新的控制调节
        MOV DX, OFFSET MESS5
        INT 21H
        CALL input
        JMP BEGIN
UP:     MOV AL, 40H
        JMP AA
DOWN:   MOV AL, 00H
AA:     MOV DX, Z8255C
        OUT DX, AL
        MOV AH, 0BH            ;坚持键盘状态, 有键按下则返回 DOS
        INT 21H
        CMP AL, 0
```

```
        JZ CC
        MOV AX, 4C00H
        INT 21H
CC:     JMP BEGIN
delay PROC NEAR                 ;延时子程序
        PUSH CX
        MOV CX, 0F00H
        LOOP $
        POP CX
        RET
delay ENDP
input PROC MEAR                 ;温度值的设置子程序
        MOV AH, 1H
        INT  21H
        MOV DI, OFFSET DATA1
        MOV [DI], AL
        MOV BH, AL
        MOV AH, 1L
        INT 21H
        MOV [DI+1], AL
        MOV BL, AL
        AND BH, 0FH
        RCL BH, 1
        RCL BH, 1
        RCL BH, 1
        RCL BH, 1
        AND BH, 0FH
        OR BL, BH
        MOV AL, BL
        CMP AL, 76H             ;输入温度大于 76 则显示错误提示信息
        JA  ERR
        MOV [DI+2], AL
        RET
input ENDP
ERR:  MOV AH, 09H              ;显示错误提示信息
        MOV DX, OFFSET MESS4
        INT 21H
        MOV AX, 4C00H
        INT 21H
Change toBCD PROC NEAR          ;BCD 码转换子程序
        MOV BL, 3
        MUL BL
        MOV BL, 10
        DIV BL
        AAM                     ;非压缩 BCD 码乘法调整指令
        MOV BL, AL
        MOV AL, AH
        MOV CL, 04H
        ROR AL, CL
        XOR AL, BL
        RET
```

```
Change toBCD ENDP
DIS   PROC NEAR                          ;显示子程序
      MOV BL, AL
      MOV AL, 0FH
      PUSH AX
      MOV DX, Z8279
      MOV AL, 90H
      OUT DX, AL
      POP AX
      PUSH BX
      LEA BX, LED
      XLAT
      POP BX
      MOV DX, D8279
      OUT DX, AL
      CALL delay
      MOV AL, BL
      MOV CL, 04H
      ROR AL, CL
      AND AL, 0FH
      LEA BX, LED
      XLAT
      MOV DX, D8279
      OUT DX, AL
      CALL delay
      CALL delay
      RET
DIS   ENDP
CODE  ENDS
      END  START
```

6. 系统调试与结论

本设计的软件运行于 DOS 环境下, 其步骤: ①根据硬件图和原理图连接好线路; ②在 PC 机上输入程序, 并对其进行查错、编译、连接, 最后生成可执行文件; ③接上电源, 输入可执行文件的文件名, 系统就开始了工作过程。

(1) 这时 DOS 屏幕上会出现一些提示信息, 如

```
'ENTER ANY KEY TO BEGIN!'
' LET PA0=0 TO ADJUST THE TEMPERATURE VALUE!'
' LET PA0=1 TO INPUT A
NEW TEMPERATURE VALUE!'
```

这里后两条只作注释用。

(2) 输入任意一个键, 系统就开始进行温度测量和显示, 屏幕上就会显示 "INPUT THE TEMPERATURE:"。在这一条信息之后输入某温度值。注意, 这里输入的温度值不能大于 76℃, 否则屏幕将会显示 "INPUT VALUE ERROR!" 并返回 DOS。(以后重新设定温度时也是如此)

(3) 在正常情况下, 输入设定温度后系统就开始进行控制调节, 当实际温度小于设定值时, 系统就开始加热, 如果不加改变, 就会一直加热直到稳定到设定的温度值; 如果这时想

重新设置某温度,只要把 8255 的 PA0 读取拨动开关拨到 1,屏幕上就会显示:"INPUT A NEW TEMPERATURE:"。

注意,在输入一个新的设定温度之前,先把 PA0 读取拨动开关拨到 0,否则,在输完设定温度之后,屏幕上又会显示同样一条信息。因为它是根据 PA0 是 0 还是 1 来决定是重新输入设定温度还是调节温度。如果不先把 PA0 拨为 0,它就一直让你输入却不进行调节。另外,这里温度值的设定次数没有限制。

7. 心得体会和参考文献

略。

附录 A　实验要求与实验报告格式规范

为了达到实验的目的，学生在每个实验前都要按实验的具体要求认真预习，准备实验方案；在实验过程中严格按照科学的操作方法进行实验，做好原始记录；实验结束后认真清理现场，物归原位，并按规范撰写实验报告。具体要求如下。

A.1　实　验　预　习

（1）明确本次实验目的及任务，掌握实验所需的理论知识及相关接口芯片的工作原理。

（2）通过阅读示例程序，掌握编程方法及相关技巧。

（3）完成实验讲义上的思考题。

（4）设计实验的方案，画出实验电路原理图及程序流程图，编写出实验程序；可能的话，多设计几套实验方案。

A.2　实　验　操　作

（1）带上理论课教材、实验指导书及准备的实验程序。

（2）若为接口电路，请关闭电源后，再搭接硬件实验线路，检查无误后，再开电源。

（3）输入程序，进行软、硬件的调试，直至获得正确的结果。

（4）记录实验结果和实验过程，并判断实验的有效性。

（5）实验结束后，请关闭电源。

A.3　实验总结及完成实验报告

（1）实验总结。①记录的程序、数据和波形要真实；②分析设计思想，绘制实验原理图、连线图和流程图，这些图形要尽可能详细，并标清电路信号等；③程序清单要加上相关注释；④实验结果要进行必要的分析，回答思考题；⑤在收获体会中，说明在实验过程中遇到的问题及解决办法，指出实验的不足之处和今后应注意的问题等；⑥最后，按照要求和格式撰写实验报告。

（2）实验报告的格式。①实验题目；②实验目的；③实验内容；④实验器件、仪器清单；⑤实验原理、装置图；⑥实验程序流程；⑦实验步骤；⑧实验数据、波形的记录；⑨实验结果的分析与讨论；⑩思考题；⑪实验心得与体会；⑫程序清单。

注意：以上格式根据实验内容不同可以有所舍取。

A.4　实　验　注　意　事　项

（1）实验期间，保持实验室清洁，不得随意乱扔垃圾，不得大声喧哗。

（2）实验以前，应确保实验板正确设置、与实验板与计算机间串行连接通信正常。

（3）实验前后应仔细检查实验板，防止导线、元件等物品落入装置内以及线路虚接，导致线路短路和元件损坏。

（4）爱护实验设施，不得随意乱动设备上的各种开关，插接、拔取数据线时，手握两端插头，不得从线中间拉取。

（5）实验箱电源关闭后，不能立即重新打开。关闭与重新打开之间至少应间隔 30s。

（6）实验结束后，整理好各种配线，并将各实验器材归位，关闭电脑，切断实验台左上角的电源，清洁自己的桌面。

附录 B　8086/8088 汇编指令速查手册

B.1　数据传送类指令

此类指令在存储器和寄存器、寄存器和输入输出端口之间传送数据。

（1）通用数据传送指令。

MOV 传送字或字节

MOVSX 先符号扩展，再传送

MOVZX 先零扩展，再传送

PUSH 把字压入堆栈

POP 把字弹出堆栈

XCHG 交换字或字节（至少有一个操作数为寄存器，段寄存器不可作为操作数）

XLAT 字节查表转换——BX 指向一张 256B 的表的起点，AL 为表的索引值（0～255，即 0～FFH）；返回 AL 为查表结果（[BX+AL]->AL）

（2）输入输出端口传送指令。

IN I/O 端口输入（IN 累加器，{端口号 | DX}）

OUT I/O 端口输出（OUT {端口号 | DX}，累加器）

其中：输入输出端口由立即方式指定时，其范围是 0～255；由寄存器 DX 指定时，其范围是 0～65 535

（3）目的地址传送指令。

LEA 装入有效地址

LDS 传送目标指针，把指针内容装入 DS

LES 传送目标指针，把指针内容装入 ES

（4）标志传送指令。

LAHF 标志寄存器传送，把标志装入 AH

SAHF 标志寄存器传送，把 AH 内容装入标志寄存器

PUSHF 标志入栈

POPF 标志出栈

B.2　算术运算指令

ADD 加法

ADC 带进位加法

INC 加 1

AAA 加法的 ASCII 码调整

DAA 加法的十进制调整

SUB 减法

SBB 带借位减法

DEC 减 1

NEC 求反（以 0 减之）

CMP 比较（两操作数作减法，仅修改标志位，不回送结果）

AAS 减法的 ASCII 码调整

DAS 减法的十进制调整

MUL 无符号乘法。结果回送 AH 和 AL（字节运算），或 DX 和 AX（字运算）

IMUL 整数乘法。结果回送 AH 和 AL（字节运算），或 DX 和 AX（字运算）

AAM 乘法的 ASCII 码调整

DIV 无符号除法。结果回送：商回送 AL，余数回送 AH（字节运算）；或商回送 AX，余数回送 DX（字运算）

IDIV 整数除法。结果回送：商回送 AL，余数回送 AH（字节运算）；或商回送 AX，余数回送 DX（字运算）

AAD 除法的 ASCII 码调整

CBW 字节转换为字（把 AL 中字节的符号扩展到 AH 中）

CWD 字转换为双字（把 AX 中字节的符号扩展到 DX 中）

B.3 逻 辑 运 算 指 令

AND 与运算

OR 或运算

XOR 异或运算

NOT 取反

TEST 测试（两操作数作与运算，仅修改标志位，不回送结果）

SHL 逻辑左移

SAL 算术左移（=SHL）

SHR 逻辑右移

SAR 算术右移（=SHR）

ROL 循环左移

ROR 循环右移

RCL 通过进位的循环左移

RCR 通过进位的循环右移

以上 8 种移位指令，其移位次数可达 255 次。移位 1 次时，可直接用操作码；移位>1 次时，由寄存器 CL 给出移位次数。

B.4 串   指   令

MOVS 串传送（MOVSB 传送字符，MOVSW 传送字）

CMPS 串比较（CMPSB 比较字符，CMPSW 比较字）

SCAS 串扫描。把 AL 或 AX 的内容与目标串作比较，比较结果反映在标志位

LODS 装入串。把源串中的元素（字或字节）逐一装入 AL 或 AX 中（LODSB 传送字符，LODSW 传送字）

STOS 保存串。是 LODS 的逆过程

DS：SI 源串段寄存器：源串变址

ES：DI 目标串段寄存器：目标串变址

CX　　　重复次数计数器

AL/AX 扫描值

D 标志 0 表示重复操作中 SI 和 DI 应自动增量；1 表示应自动减量

Z 标志 用来控制扫描或比较操作的结束

REP　　　　　　当 CX<>0 时重复

REPE/REPZ　　当 ZF=1 或比较结果相等，且 CX<>0 时重复

REPNE/REPNZ　当 ZF=0 或比较结果不相等，且 CX<>0 时重复

B.5　程序转移指令

（1）无条件转移指令（长转移）。

JMP　无条件转移指令

CALL 过程调用

RET 过程返回

（2）条件转移指令（短转移，−128～+127 的距离内）。

JAE/JNB　大于或等于转移

JB/JNAE　小于转移

JBE/JNA　小于或等于转移

以上 4 条，测试无符号整数运算的结果（标志 C 和 Z）

JG/JNLE　大于转移

JGE/JNL　大于或等于转移

JL/JNGE　小于转移

JLE/JNG　小于或等于转移

以上 4 条，测试带符号整数运算的结果（标志 S、O 和 Z）

JE/JZ　　等于转移

JNE/JNZ　不等于时转移

JC　　　有进位时转移

JNC　　　无进位时转移

JNO　　　不溢出时转移

JNP/JPO 奇偶性为奇数时转移

JNS　　　符号位为 "0" 时转移

JO　　　　溢出转移

JP/JPE　　奇偶性为偶数时转移

JS　　　　符号位为 "1" 时转移

（3）循环控制指令（短转移）。

LOOP	CX 不为零时循环
LOOPE/LOOPZ	CX 不为零且标志 Z=1 时循环
LOOPNE/LOOPNZ	CX 不为零且标志 Z=0 时循环
JCXZ	CX 为零时转移

（4）中断指令。

INT　　中断指令

INTO　　溢出中断

IRET　　中断返回

B.6　处理器控制指令

HLT 处理器暂停，直到出现中断或复位信号才继续

WAIT 当芯片引线 TEST 为高电平时，使 CPU 进入等待状态

ESC 转换到外处理器

LOCK 封锁总线

NOP 空操作

STC 置进位标志位

CLC 清进位标志位

CMC 进位标志取反

STD 置方向标志位

CLD 清方向标志位

STI 置中断允许位

CLI 清中断允许位

B.7　伪　指　令

ORG 定义汇编起始地址

DB 定义字节

DW 定义字（2B）

PROC 定义过程

ENDP 过程结束

SEGMENT 定义段

ASSUME 建立段寄存器寻址

ENDS 段结束

END 程序结束

附录 C　汇编程序出错信息表

表 C.1	汇编程序出错信息

编号	说　　　明
0	Block nesting error：嵌套过程，段，结构，宏指令，IRC，IRP 或 REPT 不是正确结束，如嵌套外层已终止，而内层还是打开状态
1	Extra characters on line：当一行上已接受了定义指令说明的足够信息，而又出现多余的字符
2	Register already defined：汇编内部出现逻辑错误
3	Unknown symbol type：符号语句的类型字段中有一些不能识别的东西
4	Redefinition of symbol：在第二遍扫视时，连续定义一个符号
5	Symbol multi-defined：重复定义一个符号
6	Phase error Passes：程序中有模棱两可的指令，以致在汇编程序的两次扫视中，程序标号的位置在数值上改变了
7	Already had ELSE clause：在 ELSE 从句中试图再定义 ELSE 从句
8	Not in conditional block：在没有提供条件汇编指令的情况下，指定了 ENDIF 或 ELSE
9	Symbol not defined：符号没有定义
10	Syntax error：语句的语法与任何可识别的语法不匹配
11	Type illegal in context：指定的类型在长度上不可接受
12	Should have been group name：给出的组名不符合要求
13	Must be declared in pass 1：得到的不是汇编程序所要求的常数值，例如向前引用的向量长度
14	Symbol type usage illegal PUBLIC：　PUBLIC 符号的使用不合法
15	Symbol already different kind：企图定义与以前不同的符号
16	Symbol is reserved word：企图非法使用一个汇编程序的保留字
17	Frward reference is illegal：向前引用必须是在第一遍扫视中引用过的
18	Must be register：希望寄存器作为操作数，但用户提供的是符号，而不是寄存器
19	Wrong type of register：指定的寄存器类型并不是指令或伪操作所要求的，例如 ASSUME AX
20	Must be segment or group：希望给出段和组而不是其他
21	Symbol has no segment：想使用具有 SEG 的变量，而这个变量不能识别段
22	Must be symbol type：必须是 WORD、DW、QW、BYTE 或 TB，但接收的是其他内容
23	Already defined locally：试图定义一个符号作为 EXTERNAL，但这个符号已经在局部定义过了
24	Segment parameters are changed：对于 SEGMENT 的变量表与第一次使用该段的情况不一样
25	Not proper mult defined ：SEGMENT 参数不正确
26	Reference to mult defined：指令引用的内容已是多次定义过的
27	Operand was expected：汇编程序需要的是操作数，但得到的是其他内容
28	Operator was expected：汇编程序需要的是操作符，但得到的是其他内容

编号	说　明
29	Division by 0 or overflow：给出了一个用 0 作除数的表达式
30	Shift count is negative：产生的移位表达式使移位计数值为负数
31	Operand type must be match：在自变量的长度和类型应该一致的情况下，汇编程序得到的并不一样，如交换
32	Illegal use of external：用非法的手段进行外部使用
33	Must be record field name：需要的是记录字段名，而得到的是其他内容
34	Must be record of field name：需要的是记录名或字段名，但得到的是其他内容
35	Operand must have size：需要的是操作数的长度，但得到的是其他内容
36	Must be var，label or constant：需要的是变量标号或常数，但得到的是其他内容
37	Must be structure field name：需要的是结构字段名，但得到的是其他内容
38	Left operand must have segment：操作数的右边要求它的左边必须是某个段
39	One operand must be const：这是加法指令的非法使用
40	Operand must be same or 1 abs：这是减法指令的非法使用
41	Normal type operand expected：当需要标号时，得到的却是 STRUCT，FIFLDS，NAMES，BYTE，WORD 或 DB
42	Constant was expected：需要的是一个常量，但得到的是其他内容
43	Operand must have segment：SEG 伪操作不合法
44	Must be associated with data：有关项用的是代码，而需要的是数据，例如用一个过程取代 DS
45	Must be associated with code：有关项用的是数据，而需要的是代码
46	Already have base register：试图重复基地址
47	Already have index register：试图重复变址地址
48	Must be index or base register：指令需要基址或变址寄存器，而指定的是其他寄存器
49	Illegal use of register：在指令中使用了 8088 没有的寄存器
50	Value is out of range：数值大于需要使用的，例如将 DW 传送到寄存器中
51	Operand not in IP Segment：由于操作数不在当前 IP 段中，因此不能存取
52	Improper operand type：使用的操作数不能产生操作码
53	Relative jump out of range：指定的转移超出了允许的范围（−128～+127）
54	Index displ must be constant：试图使用脱离变址寄存器的变量偏移值
55	Illegal register value：指定的寄存器值不能放入 reg 字段中
56	No immediate mode：指定的立即方式或操作码都不能接收立即数，如 PUSH
57	Illegal size for item：引用项的长度是非法的，如双字的移位
58	Byte register is illegal：在上下文中，使用一个字节寄存器是非法的，如 PUSH AL
59	CS register illegal usage：试图非法使用 CS 寄存器
60	Must be AX or AL：某些指令只能用 AX 或 AL，如 IN 指令
61	Improper use of segment reg：段寄存器使用不合法，如立即数传送到段寄存器
62	No or unreachable CS：试图转移到不可到达的寄存器
63	Operand combination illegal：在双操作指令中，两个操作数的组合不合法

编号	说　明
64	Near JMP/CALL to different CS：企图在不同的代码段内执行 NEAR 转移或调用
65	Label can't have seg override：非法使用段取代
66	Must have opcode after prefix：使用前缀指令后，没有正确的操作码说明
67	Can't override ES segment：企图非法地在一条指令中取代 ES 寄存器，如存储字符串
68	Can't reach with segment reg：没有作变量可达到的那种假设
69	Must be in segment block：企图在段外产生代码
70	Can't use EVEN on BYTE segment：被提出的是一个字节段
71	Forward needs override：目前不使用这个信息
72	Illegal value for Dup count：DUP 计数必须是常数，不能是 0 或负数
73	Symbol already external：企图在局部定义一个符号，但此符号已经在外部定义了
74	DUP is too large for linker：DUP 嵌套太长，以致从连接程序不能得到一个记录
75	Usage of (indeterminate) bad：" "使用不合适，例如 +5
76	More values than definde with
77	Only initiallize list legal
78	Directive illegal in STRUC
79	Override with DUP is illegal
80	Field cannot be Overridden
81	Override is of wrong type
82	Register can't be farward ref
83	Circular chain of EQU aliases
84	Feature not supported by the small assembler（ASM）

附录 D　DEBUG 启动及基本命令

DEBUG 是专为汇编语言设计的一种调试工具，可用来检查、修改存储单元和寄存器的内容，装入、存储及启动运行程序，也可用 DEBUG 汇编简单的汇编语言程序。

D.1　DEBUG 程序的启动

DEBUG 只能在 DOS 或 WINDOWS 下运行。在 DOS 提示符下，可输入命令：

C>DEBUG[d:][path][文件名][参数 1][参数 2]

其中文件名是被调试文件的名称，它须是执行文件（EXE），两个参数是运行被调试文件时所需要的命令参数，在 DEBUG 程序调入后，出现提示符"-"，此时，可输入所需的 DEBUG 命令。

在启动 DEBUG 时，如果输入了文件名，则 DEBUG 程序把指定文件装入内存。用户可以通过 DEBUG 的命令对指定文件进行修改、显示和执行。如果没有文件名，则是以当前内存的内容工作，或者用命名命令和装入命令把需要的文件装入内存，然后再用 DEBUG 的命令进行修改、显示和执行。

D.2　DEBUG 的主要命令

常用的 DEBUG 命令见表 D.1。

表 D.1　　　　　　　　　　　　　常用的 DEBUG 命令表

名　称	解　释	格　式
a(Assemble)	逐行汇编	a [address]
c(Compare)	比较两内存块	c range address
d(Dump)	内存十六进制显示	d [address] 或 d[range]
e(Enter)	修改内存字节	e address [list]
f(fin)	预置一段内存	f range list
g(Go)	执行程序	g [=address][address...]
h(Hexavithmetic)	制算术运算	h value value
i(Input)	从指定端口地址输入	ipataddress
l(Load)	读盘	l [address[driver seetor>
m(Move)	内存块传送	m range address
n(Name)	置文件名	n filespec [filespec...]
o(Output)	从指定端口地址输出	o portadress byte
q(Quit)	结束	q

续表

名　　称	解　　释	格　　式
r(Register)	显示和修改寄存器	r [register name]
s(Search)	查找字节串	s range list
t(Trace)	跟踪执行	t [=address] [value]
u(Unassemble)	反汇编	u [address]或 range
w(Write)	存盘	w [address[driver sector secnum>

（1）汇编命令 A，格式为

-A[地址]

该命令从指定地址开始允许输入汇编语句，把它们汇编成机器代码相继存放在从指定地址开始的存储器中。

（2）反汇编命令 U。利用此命令可以显示出程序每一条指令在代码段中的位置并可看出相应的机器码和源程序代码。它有两种格式：

1）-U[地址]。该命令从指定地址开始，反汇编 32B，若地址省略，则从上一个 U 命令的最后一条指令的下一个单元开始显示 32B。

2）-U 范围。该命令对指定范围的内存单元进行反汇编，例如：-U 04BA：0100 0108 或 –U 04BA：0100 L9，此二命令是等效的。

（3）运行命令 G。运行此命令后，即可观察到内部寄存器的值。其格式为

-G [=地址 1][地址 2][地址 3…]

其中地址 1 规定了运行起始地址，后面的若十地址均为断点地址。例：

－G=0132 013F；程序从 0132 开始运行，在 013F 处结束

－G　　　　　　　　；执行整个程序后结束

（4）追踪命令 T。它为单步执行命令，运行一次 T 命令执行一条语句，同时显示各寄存器当前的值和标志位的情况，碰到调用子程序时，T 命令会跟踪进入子程序内部执行，每执行一条指令，IP 就自动指向下一条指令的地址。它有两种格式：

1）逐条指令追踪：

-T[=地址]

该命令从指定地址起执行一条指令后停下来，显示寄存器内容和状态值。

2）多条指令追踪：

-T[=地址][数值]

该命令从指定地址起执行 n 条命令后停下来，n 由［数值］确定。

（5）单步执行命令 P。类似 T 命令，逐条执行指令、显示结果。但是当遇到子程序调用、中断功能调用和循环指令等时，不在子程序、中断服务程序或循环体中单步执行，而是直接执行完成子程序、中断服务程序或循环体，然后显示结果。因此，当不需要调试子程序、中断服务程序或循环程序段时，要应用 P 命令，而不是 T 命令。其格式为

-P[=地址] [数值]

（6）显示内存单元内容的命令 D。利用此命令可以显示出当前数据段不同单元中的内容。其格式为

-D[地址]或-D[范围]

1）在输入的起始地址中，只输入一个相对偏移量，段地址为 DS 中。格式：-D 起始地址。

2）若要显示指定范围的内容，则要输入显示的起始和结束地址。格式：-D 起始地址结束地址。

3）如果用 D 命令没有指定地址，则当前 D 命令开始地址是由前一个 D 命令所显示的最后单元后面的单元地址。格式：-D。

（7）修改内存单元内容的命令 E，它有两种格式：

1）用给定的内容代替指定范围的单元内容：

-E 地址   内容表

例如：-E 2000：0100   F3 "XYZ" 8D

其中 F3，XYZ 和 8D 各占一个字节，用这 5 个字节代替原内存单元 2000：0100～0104 的内容，XYZ 将分别按它们的 ASCII 码值代入。

2）逐个单元相继地修改：

-E 地址

例如：-E 100：

18E4：0100 89.78

此命令是将原 100 号单元的内容 89 改为 78。78 是程序员输入的。

（8）检查和修改寄存器内容的命令 R，它有 3 种方式：

1）显示 CPU 内部所有寄存器内容和标志位状态；

格式为：-R

R 命令显示中标志位状态的含义见表 D.2。

表 D.2   R 命令显示中标志位状态的含义

标　志　名	置　　位	复　　位
溢出 Overflow（是/否）	OV	NV
方向 Direction（减量/增量）	DN	UP
中断 Interrupt（允许/屏蔽）	EI	DI
符号 Sign（负/正）	NG	PL
零 Zero（是/否）	ZR	NZ
辅助进位 Auxiliary Carry（是/否）	AC	NA
奇偶 Parity（偶/奇）	PE	PO
进位 Carry（是/否）	CY	NC

2）显示和修改某个指定寄存器的内容，格式为

-R 寄存器名

例如，输入：-R   AX

系统将响应如下：

AX FIF4：

表示 AX 当前内容为 F1F4，此时若不对其作修改，可按 ENTER 键，否则，输入修改后的内容，如：

-R BX

BX 0369

：059F

则 BX 内容由 0369 改为 059F。

3）显示和修改标志位状态，命令格式为

-RF

系统将给出响应，如

OV DN EI NG ZR AC PE CY-

这时若不作修改可按 ENTER 键，否则在 "-" 号之后输入修改值，输入顺序任意。如 OV DN EI NG ZR AC PE CY PO NZ DI NV

（9）命名命令 N，格式为

-N 文件名

此命令将文件名格式化在 CS：5CH 的文件控制块内，以便使用 L 或 W 命令把文件装入内存进行调试或者存盘。

（10）装入命令 L，它有两种功能：

1）把磁盘上指定扇区的内容装入到内存指定地址起始的单元中，格式为

-L　地址　驱动器　扇区号　扇区数

2）装入指定文件，格式为

-L [地址]

此命令装入已在 CS：5CH 中格式化的文件控制块所指定的文件。

在用 L 命令前，BX 和 CX 中应包含所读文件的字节数。

（11）写命令 W，有两种格式：

1）把数据写入磁盘的指定扇区：

-W　地址　驱动器　扇区号　扇区数

2）把数据写入指定文件中：

-W　[地址]

此命令把指定内存区域中的数据写入由 CS：5CH 处的 FCB 所规定的文件中。在用 W 命令前，BX 和 CX 中应包含要写入文件的字节数。

（12）退出 DEBUG 命令 Q。退出 DEBUG 程序，返回 DOS，但该命令本身并不把在内存中的文件存盘，如需存盘，应在执行 Q 命令前先执行写命令 W。该命令格式为

-Q

（13）其他命令。

1）比较命令 C（Compare）。将指定范围的内容与指定地址内容比较。其格式为

-C 范围 地址

2）十六进制数计算命令 H（Hex）。同时计算两个十六进制数字的和与差。其格式为

-H 数字 1，数字 2

3）输入命令 I（Input）。从指定 I/O 端口输入一个字节，并显示。其格式为

-I 端口地址

4）输出命令 O（Output）。将数据输出到指定的 I/O 端口。其格式为

-O 端口地址 字节数据

5）传送命令 M（Move）。将指定范围的内容传送到指定地址处。其格式为

-M 范围 地址

6）查找命令 S（Search）。在指定范围内查找指定的数据。其格式为

-S 范围 数据

7）填充命令 F（Fill）。对一个主存区域填写内容，并改写原来的内容。其格式为

-F 范围 数据表

该命令用数据表的数据写入指定范围的主存。如果数据个数超过指定的范围，则忽略多出的项；如果数据个数小于指定的范围，则重复使用这些数据，直到填满指定的范围。

8）帮助命令？。显示各命令的简要说明。其格式为

-?

附录 E ASCII 码 表

ASCII 码表见表 E.1。

表 E.1　　　　　　　　　　　ASCII 码 表

ASCII 值	控制字符	ASCII 值	控制字符	ASCII 值	控制字符	ASCII 值	控制字符
0	NUT	32	（space）	64	@	96	、
1	SOH	33	!	65	A	97	a
2	STX	34	”	66	B	98	b
3	ETX	35	#	67	C	99	c
4	EOT	36	$	68	D	100	d
5	ENQ	37	%	69	E	101	e
6	ACK	38	&	70	F	102	f
7	BEL	39	,	71	G	103	g
8	BS	40	(	72	H	104	h
9	HT	41	)	73	I	105	i
10	LF	42	*	74	J	106	j
11	VT	43	+	75	K	107	k
12	FF	44	,	76	L	108	l
13	CR	45	-	77	M	109	m
14	SO	46	.	78	N	110	n
15	SI	47	/	79	O	111	o
16	DLE	48	0	80	P	112	p
17	DC1	49	1	81	Q	113	q
18	DC2	50	2	82	R	114	r
19	DC3	51	3	83	S	115	s
20	DC4	52	4	84	T	116	t
21	NAK	53	5	85	U	117	u
22	SYN	54	6	86	V	118	v
23	TB	55	7	87	W	119	w
24	CAN	56	8	88	X	120	x
25	EM	57	9	89	Y	121	y
26	SUB	58	:	90	Z	122	z
27	ESC	59	;	91	[	123	{
28	FS	60	<	92	\	124		
29	GS	61	=	93	]	125	}
30	RS	62	>	94	^	126	~
31	US	63	?	95	—	127	DEL

ASCII 值	控制字符	ASCII 值	控制字符	ASCII 值	控制字符
128	NUL 空字符	139	VT 垂直制表	150	SYN 空转同步
129	SOH 标题开始	140	FF 走纸控制	151	ETB 信息组传送结束
130	STX 正文开始	141	CR 回车	152	CAN 作废
131	ETX 正文结束	142	SO 移位输出	153	EM 纸尽
132	EOY 传输结束	143	SI 移位输入	154	SUB 换置
133	ENQ 询问字符	144	DLE 数据链路转义	155	ESC 换码
134	ACK 承认	145	DC1 设备控制 1	156	FS 文字分隔符
135	BEL 报警	146	DC2 设备控制 2	157	GS 组分隔符
136	BS 退一格	147	DC3 设备控制 3	158	RS 记录分隔符
137	HT 横向列表	148	DC4 设备控制 4	159	US 单元分隔符
138	LF 换行	149	NAK 否定	160	DEL 删除

附录 F DOS 系统功能调用

INT 21H 系统功能调用表见表 F.1。

表 F.1　　　　　　　　　　　　　**INT 21H 系统功能调用表**

功能号 (H)	功 能 说 明	调 用 参 数	返 回 参 数
00	退出用户程序，返回 DOS	CS=PSP 段地址	
01	从键盘输入字符并回显		AL=输入字符的 ASCII 码
02	显示字符	DL=显示字符的 ASCII 码	
03	串行口输入字符		AL=输入字符的 ASCII 码
04	串行口输出字符	DL=输出字符的 ASCII 码	
05	打印字符	DL=打印字符的 ASCII 码	
06	控制台输入/输出字符	DL=FFH（输入字符） DL=字符（显示字符）	AL=输入字符 ASCII 码
07	输入字符，无回显		AL=输入字符 ASCII 码
08	输入字符，无回显		AL=输入字符 ASCII 码
09	显示字符串	DS：DX=字符串首地址	
0A	输入字符串	DS：DX=缓冲区首地址	
0B	检查键盘状态		AL=00H 未输入字符 AL=FFH 已输入字符
0C	清除键盘缓冲区，执行 AL 指定的功能	AL=功能号（01，06，07，08，0A）	
0D	初始化磁盘状态		
0E	选择指定的磁盘	DL=驱动器号（0=A：，1=B：，2=C：等）	AL=磁盘驱动器数
0F	打开文件	DS：DX=未打开的 FCB 首地址	AL=00，成功 AL=FF，文件未找到
10	关闭文件	DS：DX=打开的 FCB 首地址	AL=00，成功 AL=FF，文件未找到
11	查找第一个目录项	DS：DX=未打开的 FCB 首地址	AL=00，成功 AL=FF，文件未找到
12	查找下一个目录项	DS：DX=未打开的 FCB 首地址	AL=00，成功 AL=FF，文件未找到
13	删除文件	DS：DX=未打开的 FCB 首地址	AL=00，成功 AL=FF，文件未找到
14	顺序读一个记录	DS：DX=打开的 FCB 首地址	AL=00，成功 AL=01，文件结束 AL=02，DTA 太小，取消读 AL=03，DTA 不满

功能号（H）	功能说明	调用参数	返回参数
15	顺序写一个记录	DS：DX=打开的 FCB 首地址	AL=00，成功；AL=01，磁盘满 AL=02，DTA 太小，取消写
16	建立文件	DS：DX=未打开的 FCB 首地址	AL=00，成功；AL=FF，目录区满
17	文件改名	DS：DX=要更改的 FCB 首地址	AL=00，成功 AL=FF，未找到文件或目标文件名已存在
19	取当前盘号		AL=磁盘号（0=A：，=B：…）
1A	设置 DTA	DS：DX=DTA 首地址	
1B	取当前 FAT 表		DS：BX=FAT 标识 AL=每簇扇区数 CX=物理扇区大小，DX=驱动器簇数
1C	取任意驱动器 FAT 表	DL=驱动器号	同上
1D	保留未用		
1E	保留未用		
1F	取默认磁盘参数块		AL=00，无错；AL=FF，出错
20	保留未用		
21	随机读一记录	DS：DX=FCB 首地址	AL=00，成功 AL=01，文件结束 AL=02，DTA 太小 AL=03，DTA 不满
22	随机写一记录	DS：DX=FCB 首地址	AL=00，成功 AL=01，磁盘满 AL=02，DTA 太小
23	测定文件大小	DS：DX=FCB 首地址	AL=00，成功（文件长度填入 FCB） AL=FF，文件未找到
24	设置随机记录号	DS：DX=FCB 首地址	
25	设置中断向量	DS：DX=中断程序首址 AL=中断向量号	
26	建立程序段前缀（PSP）	DX=新 PSP 段号	
27	随机分块读	DS：DX=FCB 首地址 CX=记录数	AL=00，成功 AL=01，文件结束 AL=02，DTA 太小 AL=03，DTA 不满 CX=读取的记录数
28	随机分块写	DS：DX=FCB 首地址 CX=记录数	AL=00，成功 AL=01，磁盘满 AL=02，DTA 太小
29	分析文件名	ES：DI=FCB 首地址 DS：SI=ASCIZ 串 AL=控制分析标志	AL=00，标准文件 AL=01，多义文件 AL=FF，非法盘符
2A	取系统日期		CX=年号（1980—2099） DH：DL=月：日，AL=星期

功能号（H）	功能说明	调用参数	返回参数
2B	设置日期	CX：DH：DL=年：月：日	AL=00，成功；AL=FF，无效
2C	取时间		CH：CL=时：分 DH：DL=秒：1/100 秒
2D	设置时间	CH:CL=时：分 DH:DL=秒:1/100 秒	AL=00，成功；AL=FF，无效
2E	磁盘校验标志	DL=0，AL=00，不校验，AL=01，校验	
2F	取磁盘缓冲区首址		ES：BX=缓冲区首址
30	取 DOS 版本号		AL=主版本号（版本号） AH=次版本号（发行号）
31	终止程序，驻留内存	AL=退出代码 DX=驻留区大小	
32	取驱动器参数块	DL=驱动器号	AL=FF，驱动器无效 DS：BX=驱动器参数块地址
33	Ctrl+Break 检测	AL=00，取状态 AL=置状态（DL） DL=00，关闭检测 DL=01，打开检测	DL=00 关闭检测 DL=01 打开检测
35	取中断向量	AL=中断类型号	ES：BX=中断程序入口地址
36	取空闲磁盘空间	DL=盘号（0=当前盘，1=A：，…）	BX=可用簇数 AX=每簇扇区数 CX=每扇区字节数 DX=总簇数 AX=FFFF 失败
37	取或置命令行开关符	AL=0（取开关符）AL=1（置开关符）DL=（开关符）AL=2（取检查开关）AL=3（置检查开关）DL=开关值 DL=开关符（功能 0）DL=检查开关（功能 2）	
38	置/取国家信息	DS：DX=信息区首址	CF=0，成功，DS：DX=数据地址 CF=1，失败，AX=错误码
39	建立子目录	DS：DX=ASCII 串首址	CF=0，成功 CF=1，失败 　AX=3，路径没找到 　AX=5，访问方式错
3A	删除子目录	DS：DX=ASCII 串首址	同上
3B	改变当前目录	DS：DX=ASCII 串首址	CF=0，成功 CF=1，失败，AX=3 路径没找到
3C	建立文件	DS：DX=ASCII 串首址	CF=0 成功，AX=文件号 CF=1 失败 　AX=3，路径没找到 　AX=4，打开文件太多 　AX=5，访问方式错
3D	打开文件	DS：DX=ASCII 串首址 AL=0 读 AL=1 写 AL=2 读/写	CF=0，成功，AX=文件号 CF=1，失败 　AX=1，存取代码错 　AX=2，文件没找到 　AX=4，打开文件太多 　AX=5，访问方式错

功能号（H）	功 能 说 明	调 用 参 数	返 回 参 数
3E	关闭文件	BX=文件号	CF=0，成功 CF=1，失败，AX=0，非法文件号
3F	读文件或设备	BX=文件号 DS：DX=数据缓冲区首址 CX=读取字节数	CF=0，成功，AX=实际读入字节 CF=1，失败 　AX=6，非法访问 　AX=5，访问方式错
40	写文件或设备	BX=文件号 DS：DX=数据缓冲区首址 CX=写入字节数	CF=0，成功，AX=实际写入字节 CF=1，失败 　AX=6，非法访问 　AX=5，访问方式错
41	删除文件	DS：DX=ASCII 串首址	CF=0，成功 CF=1，失败 　AX=2，文件没找到 　AX=5，访问方式错
42	移动文件指针	BX=文件号 CX：DX=位移量 AL=移动方式（0，1，2）	CF=0 成功，DX：AX=新指针 CF=1 失败，AX=错误代码（1，6）
43	置/取文件属性	DS：DX=ASCII 串首址 AL=0，取文件属性 AL=1，置文件属性 CX=文件属性	CF=0，成功，CX=文件属性 CF=1，失败 　AX=3，路径没找到 　AX=1，非法功能编号 　AX=5，访问方式错
44	设备文件 I/O 控制	BX=文件代号 AL=0 取状态 　=1 置状态 DX 　=2 读数据 　=3 写数据 　=6 取输入状态 　=7 取输出状态	DX=设备信息
45	复制文件代码	BX=文件代号 1	成功，AX=文件代号 2 失败，AX=错误码
46	人工复制文件代码	BX=文件代号 1 CX=文件代号 2	失败，AX=错误码
47	读取目录路径名	DL=盘号 DS：SI=路径名地址	CF=0 成功 DS：DI=路径名地址 CF=1 失败 　AX=15，无效驱动器
48	分配内存块	BX=要求分配的内存块数	CF=0 成功，AX.分配内存首址 CF=1 失败，AX=错误码
49	释放已分配的内存块	ES=要释放的内存块所在段	CF=0，成功 CF=1，失败 AX=9，不正确内存块 AX=7，内存块失效
4A	修改已分配的内存块	ES=需修改内存块的段 BX=再申请的内存字节数	CF=0，成功 CF=1，失败 BX=最大可用内存块 AX=9，不正确的内存块 AX=7，内存块失效 AX=8，无足够内存

功能号（H）	功能说明	调用参数	返回参数
4B	装入或执行程序	DS：DX=ASCII 串首址 ES：BX=参数区首址 AL=0，装入执行 AL=1，装入不执行	CF=0，成功 CF=1，失败 AX=1，非法功能号 AX=2，文件没找到 AX=10，不正确环境 AX=11，不正确格式 AX=8，无足够内存
4C	终止程序，返回	AL=返回代码	
4D	取返回代码		AX=返回代码
4E	查找第一个匹配文件	DS：DX=ASCII 串首址 CX=属性	CF=0，成功 CF=1，失败 AX=2，文件没找到 AX=18，无更多文件
4F	查找下一个匹配文件	DS：DX=ASCII 串首址 DTA 含有寻找第一个或下一个文件的信息	CF=0 成功，DTA 填文件信息 CF=1 失败 AX=12，无效存取代码
50	设置 PSP 段地址	BX=PSP 段地址	
51	取 PSP 段地址		BX=PSP 段地址
52	取 DOS 系统数据块		ES：BX=DOS 系统数据块
53	为块设备建立 DPB	DS：SI=BPB，ES：BP=DPB	
54	获取写校验状态		AL=当前写校验标志（0：关，1：开）
56	文件改名	DS：DX=老文件 ASCII 首址 ES：DI=新文件 ASCII 首址	CF=0 成功 CF=1 失败 AX=3，路径没找到 AX=5，访问格式错 AX=17，不是相同设备
57	设置/读取文件日期和时间	BX=文件号 AL=0 读 AL=1 设置日期 DX：CX=（日期:时间）	CF=0 成功 CF=1 失败 AX=1，无效功能号 AX=6，无效文件号
58	置/取存储器分配块策略码	AL=0，取分配策略码 AL=1，置分配策略码，BX=策略码	CF=0 成功，AX=策略码 CF=1 失败，AX=错误码
59	取扩充错误码		AX=扩充错误码，BH=错误类型，BL=建议的操作，CH=错误场所
5A	建立临时文件	CX=文件属性， DS：DX=ASCII 串地址	成功：AX=文件代号 失败：AX=错误码
5B	建立新文件	CX=文件属性 DS：DX=ASCII 串地址	成功：AX=文件代号 失败：AX=错误码
5C	控制文件存取	AL=00 封锁，AL=01 开启 BX=文件代号，CX：DX=文件位移 SI：DI=文件长度	失败：AX=错误码
5E	建立网络参数	AL=0 获取机器名，AL=1 设置打印机参数，AL=2 获取打印机参数	
60	取程序段前缀地址	BX=PSP 地址	

附录 G　BIOS 中 断 调 用

表 G.1　　　　　　　　　　　　　　**BIOS INT 10H 中断调用表**

AH（H）	功 能 说 明	调 用 参 数	返 回 参 数
0	设置显示模式	AL=显示模式号	
1	设置光标大小	CH_{0-3}=光标起始扫描行 CL_{0-3}=光标结束扫描行	
2	设置光标位置	BH=页号 DH=行 DL=列	
3	读光标位置	BH=页号	CH=光标起始扫描行 CL=光标结束扫描行 DH=行 DL=列
4	读光笔位置		AH=0，光笔未触发 AH=1，光笔触发 CH=像素行，BX=像素列 DH=字符行，DL=字符列
5	置显示页	AL=页号	
6	屏幕上卷	AL=上卷行数（AL=0，清屏幕） BH=上卷行的属性 CH=左上角行号 CL=左上角列号 DH=右下角行号 DL=右下角列号	
7	屏幕下卷	AL=下卷行数（AL=0 清屏幕） BH=下卷行的属性 CH=左上角行号 CL=左上角列号 DH=右下角行号 DL=右下角列号	
8	读当前光标处的字符和属性	BH=显示页号	AH=字符属性 AL=字符 ASCII 码
9	在当前光标位置显示字符	BH=显示页号 BL=字符属性 AL=字符 ASCII 码 CX=重复显示字符数	
A	在当前光标位置显示字符	BH=显示页号 AL=字符 ASCII 码 CX=重复显示字符数	
B	置彩色调板（320×200 图形）	BH=彩色调板 ID BL=和 ID 配套使用的颜色	
C	写像点	DX=行坐标，CX=列坐标 AL=颜色值	
D	读像点	DX=行坐标，CX=列坐标	AL=像点值

AH（H）	功 能 说 明	调 用 参 数	返 回 参 数
E	显示字符（光标随字符移动）	AL=字符，BL=前景颜色	
F	取显示模式		AL=模式号
10	设某颜色的 RGB 值	AL=10H BX=颜色索引号 DH=R，CH=G，CL=B，AL=12H	DH=R，CH=G，CL=B
	设一组颜色 RGB 值	CX=颜色数 DS：DX=缓冲区	
	读某颜色的 RGB 值	AL=15H BX=颜色号	
	读一组颜色 RGB 值	AL=17H CX=颜色数 DS：DX=缓冲区	

表 G.2　　　　　　　　　　**BIOS INT 16H 键盘 I/O 中断调用**

AH（H）	功 能 说 明	调 用 参 数	返 回 参 数
00	读键盘输入		AH=键盘扫描码 AL=字符 ASCII 码
01	测试键盘有无键输入		ZF=1，无键输入 ZF=0，有键输入 　AH=扫描码，AL=字符 ASCII 码
02	读键盘特殊键		AL=特殊键字节
03	设置键盘速度和延迟	AL=05，BH=延迟值（ms） BL-击键速度（char/s）	
05	存储键盘数据	CH=扫描码 CL=ASCII 码	CX 数据存入键盘缓冲区，如同键盘 输入一样；AL=0 成功；AL=1 键盘缓 冲区满
10	读扩展键盘输入		AH=扫描码 AL=字符 ASCII 码
11	读扩展键盘击键状态		ZF=1 无字符输入 ZF=0 有字符输入
12	读扩展键盘移位状态		AH=扩展键盘移位状态字节 AL=移位状态

附录 H　Proteus VSM 仿真的元件库及常用元件说明

　　Proteus VSM 包括原理布图系统 ISIS、带扩展的 Prospice 混合模型仿真器、动态器件库、高级图形分析模块和处理器虚拟系统仿真模型 VSM，是一个完整的嵌入式系统软、硬件设计仿真平台。表 H.1 是 Proteus VSM 仿真中常用的元件库。

表 H.1　　　　　　　　　　　Proteus VSM 仿真中常用的元件库表

元 件 名 称	中 文 名	说 明
7407	驱动门	
1N914	二极管	
74LS00	与非门	
74LS04	非门	
74LS08	与门	
74LS390TTL	双十进制计数器	
7SEG	4 针 BCD-LED	输出 0～9 对应 4 根线 BCD 码
BCD-7SEG	3—8 译码器电路	BCD-7SEG 转换电路
ALTERNATOR	交流发电机	
AMMETER-MILLI	mA 安培计	
AND	与门	
BATTERY	电池（组）	
BUS	总线	
CAP	电容	
CAPACITOR	电容器	
CLOCK	时钟信号源	
CRYSTAL	晶振	
D-FLIPFLOP	D 触发器	
FUSE	熔断器	
GROUND	地	
LAMP	灯	
LED-RED	红色发光二极管	
LM016L	2 行 16 列液晶	有 D0～D7 数据线，RS，R/W，EN 3 个控制端
LOGIC ANALYSER	逻辑分析仪	
LOGIC PROBE	逻辑探针	
LOGIC PROBE（BIG）	逻辑探针（大）	显示连接位置的逻辑状态
LOGIC STATE	逻辑状态	单击，可改变逻辑状态

续表

元 件 名 称	中 文 名	说 明
LOGIC TOGGLE	逻辑触发	
MASTER SWITCH	按钮	手动闭合，立即自动打开
MOTOR	马达	
OR	或门	
POT-LIN	三引线可调电阻器	
POWER	电源	
RES	电阻	
RESISTOR	电阻器	
SWITCH	按钮	手动按一下为一个状态
SWITCH-SPDT	二选通以按钮	
VOLT METER	伏特计	
VTERM	串行口终端	
ELECTROMECHANICAL	电动机	
INDUCTORS	电感器	
LAPLACE PRIMITIVES	拉普拉斯变换	
MEMORY ICS	存储器	
MICROPROCESSOR ICS	微控制器	
MISCELLANEOUS	各种器件	天线、晶振、电池、仪表等
MODELLLING PRIMITIVES	各种仿真器件	仅用于仿真，没有 PCB
OPTOELECTRONICS	各种光电器件	发光二极管、LED、液晶等
PLDS & FPGAS	可编程逻辑控制器	
RESISTORS	各种电阻	
SIMULATOR PRIMITIVES	常用的仿真器件	
SPEAKERS & SOUNDERS	扬声器	
SWITCHS & RELAYS	开关、继电器、键盘	
SWITCHING DEVICES	晶闸管	
TRANSISTORS	晶体管	三极管、场效应管
TTL 74 SERIES		
TTL 74ALS SERIES		
TTL 74AS SERIES		
TTL 74F SERIES		
TTL 74HC SERIES		
TTL 74HCT SERIES		
TTL 74LS SERIES		
TTL 74S SERIES		

续表

元 件 名 称	中 文 名	说 明
ANALOG ICS	模拟电路集成芯片	
CAPACITORS	电容器	
CMOS 4000 SERIES		
CONNECTORS	排座、排插	
DATA CONVERTERS	ADC、DAC	
DEBUGGING TOOLS	调试工具	
ECL 10000 SERIES	各种常用集成电路	

参 考 文 献

[1] 程启明，黄云峰. 计算机硬件技术 [M]. 北京：中国电力出版社出版，2012.

[2] 胡建波. 微机原理与接口技术实验:基于 Proteus 仿真 [M]. 北京：机械工业出版社，2011.

[3] 樊莉. 计算机硬件基础实验 [M]. 北京：北京理工大学出版社，2009.

[4] 陈够喜，邵坚婷，张军. 微机原理应用实验教程 [M]. 北京：人民邮电出版社，2006.

[5] 王晓萍. 微机原理与系统设计实验教程 [M]. 杭州: 浙江大学出版社，2012.

[6] 杨居义. 微机原理与接口技术学习指导与上机实验 [M]. 北京：清华大学出版社，2011.

[7] 曹岳辉，李力. 计算机硬件技术基础实验与实践指导 [M]. 北京：清华大学出版社，2008.

[8] 陆红伟. 微机原理实验与课程设计指导书 [M]. 北京：中国电力出版社，2006.

[9] 宋杰. 微机原理与接口技术课程设计 [M]. 北京：机械工业出版社，2005.

[10] 姚琳，郑榕. 微机原理与接口技术实验指导 [M]. 北京：清华大学出版社，2012.

[11] 李继灿. 计算机硬件技术基础 [M]. 2 版. 北京：清华大学出版社，2011.

[12] 高晓兴. 计算机硬件技术基础 [M]. 北京：清华大学出版社，2008.

[13] 吴宁，冯博琴. 微型计算机硬件技术基础 [M]. 北京：高等教育出版社，2004.

[14] 周明德. 微型计算机系统原理及应用 [M]. 4 版. 北京：清华大学出版社，2002.

[15] 马义德，张在峰，徐光柱，等. 微型计算机原理及应用 [M]. 3 版. 北京：高等教育出版社，2004.